ATLANTIKALGEN
Nahrungsmittel und Gesundheit

CLEMENTE FERNÁNDEZ SÁA

Das Gemüse des Atlantischen Ozeans

ATLANTIKALGEN

Nahrungsmittel und Gesundheit

Eigenschaften, Rezepte, Beschreibung

ES HABEN AN DIESEM BUCH MITGEARBEITET

Text
Mª Dolores Simón Curull, Diplomierte Diät- und Nahrungsfachfrau
Luisa Martín Rueda, Heilpraktikerin
Mª Pilar Ibern García, Meisterköchin
Mateo Magariños, Doktor für angewandte Biologie
Maria Niubó, Diät- und Nahrungsfachfrau

Bilder
Javier Cremades Ugarte, Professor für Biologie an der Universität von La Coruña:
Bilder jeder Alge (Innenseiten und Titelseite)
Mateo Magariños: *Cíes-Inseln (Innenseiten und Titelseite*
Antonio Vidal: *Titelseite, Rückseite, Rezepte (Innenseiten)*

1. Auflage: April 2002
2. Auflage: November 2002
3. Auflage: April 2006
4. Auflage: April 2014

1. Auflage auf Deutsch: Januar 2007
2. Auflage auf Deutsch: Juni 2019

Copyright: Clemente Fernández Sáa

Copyright: Algamar, 2002
Polígono de Amoedo. Carretera de Nespereira, s/n
36840 Pazos de Borbén – Pontevedra (Spanien)
Tel.: +34-986 404 857 – Fax: +34-986 403 575
E-Mail: info@algamar.com
www.algamar.com

Bibliografische Information der Deutschen Nationalbibliothek.
Die Deutsche Nationalbibliothek verzeichnet diese Publikation
in der Deutschen Nationalbibliografie;
detaillierte bibliografische Daten sind im Internet
über http://dnb.dnb.de abrufbar.

Satz, Umschlaggestaltung, Herstellung und Verlag: BoD – Books on Demand, Norderstedt

ISBN: 978-3-7481-1290-7

Inhalt

4. Kapitel:
Ein sehr heilkräftiges Gemüse   253

5. Kapitel:
Vom Meer zur Erde   275

6. Kapitel:
Häufig gestellte Fragen   **285**

Vorwort

Es gibt so viele interessante neue Daten und Forschungen in Bezug auf Algen, dass sie sogar für Wissenschaftler einen faszinierenden und zugleich ergiebigen und vielversprechenden Bereich darstellen.
Über Algen wird viel gesprochen und das wird weiter so bleiben.
Dieses Buch möchte einen Beitrag zur Beantwortung der Fragen leisten, die sich Menschen stellen, die sich allgemein für Algen interessieren – insbesondere für Atlantikalgen. Für einige wird es eine Einführung und Annäherung an das Thema sein, für andere präzise Vorschläge im Sinne der Nutzung einer Auslese von Algen der europäischen Altantikküste als **Nahrungsmittel** enthalten, die bereits erforscht sind und als wohltuend für unsere **Gesundheit** gelten.

An den europäischen Küsten gibt es Regionen, die besonders reich an essbaren Algen sind und deren Artenvielfalt und -menge sie einzigartig machen. Diese Regionen sind, von Süden nach Norden aufgeführt: Galicien (Nordwest-Spanien), die französische Bretagne, Wales und Irland. Nicht zufälligerweise teilen sich diese Regionen ebenfalls eine gemeinsame keltische Musik- und Kulturtradition. In diesem Buch werden wir dem Küstenbereich Galiciens das Hauptaugenmerk widmen.
Die Abfassung, die Sie jetzt in Händen halten, wurde über mehrere Jahre vorbereitet und an verschiedenen Orten zusammengestellt.
Das Projekt begann in einem Rahmen, in dem die Algen die Hauptdarsteller sind: an den Steilküsten und imposanten Felsen der Südküste Galiciens. Das Meer war die Anregung und der eindeutige Antrieb dafür.
Dort, zwischen Meer und Bergen, zwischen Brisen und Stürmen, begleitete mich sein dauerndes Tosen, in Brausen verwandelt durch das hohe Küstengebirge. Sein Duft war erfrischend, rein, erneuernd ... Dort sah ich jeden Abend, wie die Sonne in seiner unendlichen Weite versank, und ebendort begann die große atlantische Reise, eine symbolische Fahrt, protokolliert in vielen Zeilen, die jetzt zu Ende geht.

Ein anderer Teil wurde buchstäblich im Meer geschrieben, auf dem Segler „Izabal", wo das Gefühl des Seemanns mit einfloss, wenn er den Hafen erreicht, das Ziel einer langen Reise.

Andere verschiedene Orte dienten dazu, diesen Blättern Form zu geben: ein Bauernhaus in den Bergen, ein Haus an der Küste, eine Wohnung in der Stadt, Seminare in einem Hotel, Kurse, Universitätsfakultäten, Küchen ...

An allen diesen Orten war ein Traum gegenwärtig: die Vorzüge der **Atlantikalgen** bekannt zu machen, für ihre vielen Eigenschaften Wertschätzung zu wecken und zu ihrem Gebrauch als tägliche, einfache und geschmackvolle Zutaten in der Küche jederzeit und zu jeder Gelegenheit anzuregen.

Ich hoffe, dass das Lesen dieses Buches diesen Traum zu verwirklichen hilft. Es wäre für mich und für alle, die an diesem Werk mitgearbeitet haben, eine große Freude.

1. KAPITEL

Der Reichtum des Meeres

Warum jetzt die Algen?

Wir verzehren häufig Algen, ohne es zu wissen, wenn wir Eis, Pudding, bestimmte Milcherzeugnisse, Pasteten, Misch- oder Schokogetränke, Marmelade oder Brei, Majonäse, Margarine, Sahne ... zu uns nehmen, da es sehr gut möglich ist, dass Algenextrakte zu deren Zutaten gehören, welche die Konsistenz verbessern und das Erzeugnis stabilisieren.

Auch in der Industrie werden Algen zur Herstellung von Farben und Färbemitteln, Klebemitteln, Plastik usw. verwendet. Sie verleihen diesen Produkten Festigkeit, Fixierung, Elastizität und Glanz.

In der Medizin werden sie als Vehikel verwendet und als aktive Bestandteile in der Behandlung verschiedener Krankheiten eingesetzt.

Ihre Anwendungen sind sehr vielseitig und das Interesse an Algen und ihr Verzehr steigen in der ganzen Welt beständig an.

Die globalen Zahlen der Algenverwertung liegen laut der FAO bei 7 Millionen Tonnen frischen Algen pro Jahr, von denen die Hälfte dem Direktverzehr als Gemüse dient und der Rest als Extrakte für unterschiedliche Anwendungen: in der Nahrungsmittelindustrie, der Kosmetik, als Viehfutter, für trockene und flüssige Düngemittel usw.

Das heißt, dass **3,5 Millionen Tonnen jedes Jahr in der Welt verzehrt werden.**

Unter uns gibt es noch immer welche, die sich fragen, ob Algen essbar sind! Die weltweite Produktion stieg 1997 auf 8,4 Millionen Tonnen frischer Algen und im Jahr 2000 wurden bereits 10 Millionen Tonnen überschritten (FAO-Bericht 2002). Dies bedeutet eine Steigerung von 43 % in nur 8 Jahren.

Es gibt Fabriken, die ausschließlich der Gewinnung der Extrakte dienen, die in den genannten Bereichen verwendet werden: Agar, Alginate und Karrageen. Spanien ist heutzutage weltweit der zweitgrößte Agarhersteller nach Japan, und in Galicien ist eines der besten Unternehmen zur Gewinnung von Karrageen in Europa ansässig.

In den letzten 20 Jahren hat sich der weltweite Verzehr von Algen verdoppelt und die Nachfrage steigt sowohl im Osten, wo es eine alte Tradition des Algenkonsums gibt, wie auch im Westen.

In Japan, als Beispiel eines Landes mit langer diesbezüglicher Tradition, werden heute mehr als 6 g getrocknete Algen pro Person und Tag verbraucht, doppelt so viel wie vor 50 Jahren, wobei es in Städten und Küstenzonen bis zu 20 g pro Tag sind. (Claude Chassé – 16). Die Japaner geben mehr Geld für Algen aus als für Wurstwaren (4). In den 1990er Jahren wuchs in den USA der Import an Nori-Algen um etwa 20 % pro Jahr.

Abgesehen von den vorübergehenden Moden werden Algen seit Jahrhunderten als tägliche Nahrung verzehrt. Es gibt Länder, in denen Millionen Menschen sich seit Generationen von Algen ernährt haben und weiter ernähren.

Sowohl in Asien (wo Algen eine traditionelle und fast althergebrachte Nahrung sind) als auch in der ganzen Welt wird die Rolle von Algen als Gesundheitsfaktor und empfohlene Ergänzung zur Ernährungsweise durch die besten internationalen Nahrungswissenschaftler anerkannt, so dass im 21. Jahrhundert Algen als Nährstoff nicht zu übersehen sind. Es gibt zuverlässige Untersuchungen durch angesehene Forscher und offizielle Stellen, die den hohen Nährwert der Algen bestätigen (CSIC, 1999: „Evaluación nutricional y efectos fisiológicos ...“). (7)

Obwohl wir unseren Planeten seit alters her bewohnen, sieht es so aus, als ob die Algen besonders in der heutigen Zeit Bedeutung erlangen, in welcher der Mangel an bestimmten wesentlichen Elementen und das Übermaß an schädlichen Substanzen im Zusammenhang mit den heutigen Lebensgewohnheiten die Funktionen des menschlichen Organismus beeinträchtigen.

Heutzutage gibt es in Europa 82 Millionen Menschen, die an Jodmangel, und 27 Millionen, die an Eisenmangel leiden.

Die Algen gelten als das Nahrungsmittel, das am reichsten an Mineralstoffen und wesentlichen Spurenelementen ist. Deshalb können sie die gerade erwähnten und viele andere Störungen heilen, die durch die Defizite der gegenwärtigen Lebensgewohnheiten ausgelöst werden und Krankheiten wie Schwäche, Depression und Blutarmut verursachen.

So viel zu den Mangelerscheinungen. Zu den Störungen, die durch ein Übermaß an schädlichen Substanzen verursacht werden, zählen wir die Herz-Kreislauf-Erkrankungen, welche die häufigste Todesursache bei uns geworden sind, sowie einen erhöhten Cholesterinspiegel und die damit verbundenen Komplikationen, wie hoher Blutdruck usw. Für all dies finden wir ebenfalls in den Meeresalgen klare und wirksame Lösungen, sowohl vorbeugend als auch therapeutisch.

Die erstaunliche und wohltuende Wirkung der Algen auf den Fettstoffwechsel, das Cholesterin, den Kreislauf, den Blutdruck, das Nervensystem, die Abwehrkräfte, Mineralienarmut, Verstopfung u. a. wurden sowohl in Asien als auch in Europa untersucht und verglichen.

Sogar bei Umweltverschmutzung und Nahrungsmittelverseuchung, die uns in der modernen Gesellschaft bedrohen, gewährleisten Algen *Impfstoffe* und eine erfolgreiche Behandlung. Ihre Wirkung ist auch nachgewiesen als Antioxidationsmittel und als Verstärkung des Immunsystems, bei Stress und dauernden Spannungszuständen, die unsere Abwehrkräfte schwächen und unsere Lebensausgeglichenheit beeinträchtigen.

Diese und andere aktuelle Aspekte der Gesundheit werden in diesem Buch behandelt.

Kurze Geschichte der Nutzung der Algen in der Welt

Die Völker, die Küstengebiete bewohnen, in denen Algen reichlich vorhanden sind, haben diese schon immer verwendet.

Im Fernen Osten wurde der Gebrauch von Algen als Nahrungsmittel von alters her überliefert und verbreitete sich am stärksten.

Gesundheit, Langlebigkeit und Glück wurden mit dem Verzehr von Algen in chinesischen Schriftstücken von vor 4 000 Jahren in Verbindung gebracht. Andere, ebenfalls chinesische Texte aus dem 6. Jahrhundert

v. Chr. beschreiben sie als „erlesene Speise, eines Ehrengastes würdig und sogar des Königs selbst".

Das chinesische Medizinbuch Benkao Jing (1. Jahrhundert v. Chr.) empfiehlt Algen als Heilmittel bei Brusttumoren und Krebs.

Die „chinesische Materia Medica" aus dem Jahres 600 n. Chr. beschreibt sie als „exquisites Gericht für den ehrenvollsten Gast, sogar für den König selbst".

Das Volk der Ainu, ursprüngliche Bewohner der japanischen Inseln, erntete und trocknete Algen schon in der Jungsteinzeit.

Am japanischen Hof des 8. Jahrhunderts v. Chr. wurden im Jahressteuerregister Algen als Steuer für den Kaiser genannt, die heute am weitesten verbreitet sind (Kombu, Nori und Wakame). Zu Beginn des christlichen Zeitalters wurden die buddhistischen Mönche die Hauptförderer des Algenkonsums. Das älteste erhaltene japanische Lexikon enthielt schon im 10. Jahrhundert volkstümliche Algenrezepte, und ab dem 14. Jahrhundert n. Chr. begann man, Algen wegen der hohen Nachfrage zum Verzehr in Hydrokulturen zu züchten. Algen galten also als Nahrung für Aristokraten, Mönche und hochrangige Persönlichkeiten.

In den letzten fünfzig Jahren hat sich der Verzehr von Algen verdoppelt, weil das Kredenzen bei Festen, Hochzeits- und Geburtstagsfeiern Ansehen und Würde verleiht. Heute sind Algen ein bevorzugtes Silvestergeschenk und das wichtigste Produkt aller Fischerei-Ressourcen Japans.

Von Korea bis Hawaii, von den Philippinen bis Neuseeland und gleichfalls in Chile und Peru gibt es Hinweise, die auf die ältesten Traditionen zurückgehen, über den Gebrauch der Algen als Heil- und Nahrungsmittel, in vielfältigen Speisen, oft sehr fein zubereitet, die auch heute noch nachgemacht werden.

Besonders erwähnenswert sind die Hawaii-Bewohner, die 75 verschiedene essbare Algenarten verzehren, die *„limu"* genannt werden.

In Peru wird seit Jahrhunderten „macocho" *(Gigartina)* gegessen, und in Chile ist „cochayuyo" *(Durvillea)* sehr bekannt.

In der Atlantikregion findet sich die erste schriftliche Erwähnung – speziell über die Dulse-Algen – in den Sagen von Island und stammt aus dem Jahr 960 n. Chr. (2) (3). Am Atlantik wurden zur Zeit der Kelten und Wikinger Algen geerntet zur Zubereitung von Suppen *(Laver-Porphyra)* und zum Kauen (Dulse), als Mittel gegen Skorbut, der früher häufig bei Seeleuten vorkam.

In England werden verschiedene Sorten (Meeressalat, Bladderwrack, Carrageen, Sloke, Tangle, Laverbread usw.) heute noch als traditionelles Nahrungsmittel verwendet.

In Mexiko gibt es Nachweise für den Algenverzehr, die 1000 Jahre zurückreichen.

Bergleute aus Wales verzehren 200 Tonnen getrocknete Nori-Algen (Porphyra) pro Jahr (3)In der französischen Bretagne – einer Region, die sehr reich an Algen ist – gibt es ebenfalls Hinweise für einen vielfältigen Gebrauch der Algen: Nachtischspeisen mit *pioca* (Irisches Moos), Fischsuppen mit Laminaria und Dulse und *bara mor* (Seebrot), ein aus Roggen und Algen gebackenes Brot.

Und ganz in der Nähe, in Galicien (Nordwest-Spanien), sind die Algenvorkommen so reich, dass sie seit ältesten Zeiten als Dünger und als Viehfutter gebraucht werden, neben dem traditionellen, im Folgenden erwähnten Einsatz als Heilmittel: Grüne Algen galten als Wurmmittel, blutstillend und heilwirkend bei Gicht; braune Algen wurden bei Rheuma, Arteriosklerose, hohem Blutdruck, Dysmenorrhoe, Hautgeschwüren, Syphilis und Kropf empfohlen; rote Algen als Blutverdünnungsmittel, zur Wurmbekämpfung, gegen Durchfall und bei Magenschleimhautentzündung. Bei Erkältung wurde *Chondrus crispus* (Irisches Moos) gebraucht und bei Kropf ebenso *Laminaria* (Kombu).

Außerdem wurden Algen in Europa traditionell in der Thalassotherapie und darüber hinaus in der Industrie für die Herstellung von Jod, Natron, Viehfutter und Düngemittel genutzt. Im 20. Jahrhundert wurden Algen in Europa hauptsächlich zur Gewinnung von Extrakten für industrielle, Nahrungs- und Forschungszwecke gebraucht. So begann die Gewinnung von Karrageen, Alginaten und Agar jeweils am Anfang des 20. Jahrhunderts, um 1920 und um 1940.

Das Meer und die Gesundheit

Unser blauer Planet, so wie ihn die Astronauten zum ersten Mal sahen, ein Meeresplanet, der ungerechtfertigterweise Erde genannt wird, ist zu 70 % von Ozeanen bedeckt, die eine durchschnittliche Tiefe von 3 800 m aufweisen. Im Ozean leben circa 500 000 Arten von Lebewesen, die drei Viertel der gesamten bekannten Gattungen (Insekten ausgenommen) und das Fünffache der Biomasse auf dem Festland ausmachen.

Von Plankton und Mikroalgen bis zu den riesigen Walen war und ist das Meer immer noch Ursprung und im besonderen Sinne biologischer Vorrat.

Sowohl die Menschen, die in der Nähe des Meeres heimisch sind, als auch die aus dem Binnenland hegen ein besonderes Gespür für das Meer. Manchmal nötigt es große Achtung und Bewunderung ab, andere Male verleiht es Aufschwung, Lebensmut, Erneuerung, Weite, Kraft, Gelassenheit und Wohlbefinden.

Auf die eine oder andere Weise erscheint uns das Meer als etwas unermesslich Mächtiges und Lebendiges, und schon sein Dasein erweckt in uns tiefe Bewegungen, welche die Tiefe des Meeres widerspiegeln.

Dieses so lebhafte Empfinden bewirkt, dass viele das Meer vermissen, wenn sie im Landesinneren sind, und sich danach sehnen, es wiederzusehen, zu riechen, seine Brise zu spüren und in ihm zu baden. Immer wieder werden wir von einer solchen Wassermenge, die ständig in Bewegung ist, gerührt. Wenn wir außerdem schon einmal mit Taucherbrille und Schnorchel im Meer getaucht sind, selbst wenn es nicht sehr tief war, dann sind wir in eine neue Welt eingetaucht. Unsere Schwerkraft sinkt und unsere Beweglichkeit steigt. Wir können unter den Fischen schwimmen, die unterseeischen Felsen bestaunen und die Höhlen, die Farben und die tierischen und pflanzlichen Formen bewundern, die es unter der blauen Oberfläche gibt. Wenn wir aus dem Wasser kommen, fühlen wir uns wahrscheinlich leichter, energiegeladener und fröhlicher als zuvor. Schon der alte Plato sagte, dass das Meer die Beschwerden der Menschen bereinigt ...

Es ist nicht verwunderlich, dass wir in der Nähe des Meeres oder im Meer selbst diese und andere Gefühle haben, da wir vor dem großen Ursprung stehen, in dem das Leben begann und in dem die größte Lebensmasse des Planeten enthalten ist. In diesen Gewässern leben die größten Tiere. Und nicht nur das: Das Meer gibt es buchstäblich **in uns.** Wir brauchen nur ein bisschen nachzudenken, um in uns selbst die Zeichen und die lebendige Erbschaft dieses Ursprungs zu spüren: Die Flüssigkeit, die den Fötus oder unser Gehirn umgibt, die Tränen, der Speichel, das Blutplasma, der Schweiß, die sexuellen Flüssigkeiten sind Teile des salzigen Ozeans. Die salzige Zusammensetzung unserer Körperflüssigkeiten ist der des Meereswassers ähnlich, und die Wellenlänge der Cytoplasmaschwingungen unserer Zellen stimmt mit der des Meereswassers überein, wie schon der Biologe Oliviero 1936 feststellte.

Die heutige Technologie weist nach, dass die Salze und Spurenelemente des Meerwassers im selben Verhältnis wie die des menschlichen Körpers zueinander stehen. Wir sind **Kinder des Meeres** und unser Körper vergisst es nicht, auch wenn wir im Landesinneren leben.

Anfang des 20. Jahrhunderts stellte der Biologe René Quinton (Paris, 1904) fest, dass die weißen Blutkörperchen problemlos in Meereswasser überleben, aber nicht in anderen künstlichen Präparaten, und behauptete, dass „unsere innere Umwelt die gleiche Mineralpersönlichkeit und dasselbe Seeprofil hat wie das Meereswasser".

In der Tat, Blutplasma und Meerwasser weisen erstaunliche Ähnlichkeiten auf, und nach Quinton wurden Tausende Meerwasser-Behandlungen mit ausgezeichneten Ergebnissen sowohl bei Tieren als auch bei Menschen durchgeführt. Der Zustand eines stark blutenden Hundes und eines an Typhus erkrankten Menschen, der im Koma lag, besserte innerhalb weniger Stunden, nachdem sie eine Injektion aus verdünntem Meerwasser erhalten hatten, und beide erholten sich. Auch Erschöpfung, Vergiftungen und Darmstörungen wurden auf diese Weise behandelt.

Jacques-Yves Cousteau behauptete in *Die schweigende Welt,* dass die im Ozeanwasser gelösten Salze eine dreifach höhere Konzentration aufweisen als die im menschlichen Blut, aber die Verhältnisse dieser Salze – zu denen die lebenswichtigsten wie Natrium, Kalium, Kalzium und Jod gehören – erstaunlicherweise ähnlich sind.

Die belebende und heilende Kraft des Meeres ist nicht zu bestreiten, und die Übereinstimmung zwischen dem Meer und unseren Eigenschaften ebenso wenig.

Der Ozeanograf des französischen Nationalen Zentrums für wissenschaftliche Forschung Claude Chassé sagte vor kurzem: „Unser Blut und unsere Lymphe sind hauptsächlich umlaufendes Salzwasser, verdünntes Meereswasser ... ein Stück lebenden Meeres."

Im Meerwasser sind **alle lebenswichtigen Elemente** enthalten, und selbstverständlich alle diejenigen, die der menschliche Körper braucht. Dittmar entdeckte 1872, dass **alle** Elemente der Mendelejew-Tabelle (Periodensystem der chemischen Elemente) im Meerwasser enthalten sind und in relativem Verhältnis fast gleichbleibend in allen Ozeanen der Welt. Dies wird **Dittmargesetz** genannt. Das heißt, dass alles, was sich im Meer befindet – und natürlich auch die **Algen** – über eine gleichbleibende Umwelt verfügt, **mit minimalen Änderungen in der Zusammensetzung.**

So etwas gibt es nicht bei den Pflanzen, die im Erdreich wachsen und Mängeln ausgesetzt sind in Bezug auf den Boden, genauso wie die Tiere und die Menschen, die sie essen. Unsere Ernten sind manchmal arm an Kalzium, Eisen oder anderen wichtigen Elementen, während die Meeresalgen eine **gleichbleibende und sichere Nahrungsquelle** sind (siehe 2. Kapitel).

Algen: im Ursprung des Lebens

Vor über 3 Milliarden Jahren war die Erde eine totale Wüste. Die Gase, die heute den Treibhauseffekt verursachen, bildeten normale Bestandteile der damaligen Atmosphäre, in welcher Sauerstoff vollkommen unbekannt war.

Dann geschah etwas absolut Bedeutendes und Wunderbares: Einige Mikroorganismen erfanden im unermesslichen Labor des Meeres die **Funktion des Chlorophylls**, indem sie das Sonnenlicht, das Kohlendioxid der Luft und den Sauerstoff des Wassers als Elemente benutzten.

Auf diese Weise leiteten die **blaugrünen Algen** die größte Revolution ein, die man sich in der Geschichte dieses Planeten vorstellen kann. Sie wurden die **Mutter des Lebens**, die ersten Wesen, die fähig waren, die Photosynthese auszuführen und **Sauerstoff in der Atmosphäre freizusetzen** (für die Herstellung von 80 % des Sauerstoffs, den wir heutzutage atmen, sind Algen immer noch zuständig, vor allem mikroskopisch kleine Algen oder Phytoplankton).

Erst eine Million Jahre später wagten es einige **grüne Algen** (Chlorophyta), die abenteuerlichsten, das Wasser zu verlassen und die **Erde zu kolonisieren**, wobei ihre Nachkommen den **gesamten Pflanzen**, die heute die Erde bedecken, Wälder und Urwälder inbegriffen, entsprechen.

Die anderen Algen zogen es vor, weiterhin Wasserpflanzen zu bleiben, und die größten – Makroalgen – schufen besondere unterseeische Gärten und Wälder, die durch ihre Formen und Farben ein lebendiges Schauspiel und ein dauerndes Zeugnis der Üppigkeit bieten.

Die 30 000 Algenarten, die es heute gibt, werden als **Vorratsraum des Planeten** angesehen, weil sie das erste Glied der Nahrungskette bilden, indem sie Futter für die pflanzen- und allesfressenden Tiere darstellen.

Diese gleichzeitig **so alten und so aktuellen** Wesen **bergen in ihren Zellen Geheimnisse und Lösungen für die gegenwärtige Zeit** und sind in der Lage, uns am Anfang des dritten Jahrtausends zu überraschen.

Die Algen und die Geschichte des Lebens auf unserem Planeten

Alter (Millionen Jahre)	Ereignisse	Im Meer und auf der Erde
4 600	Ursprung des Planeten	
3 200	Die ersten einzelligen Algen (Cyanophyta) bilden die Funktion des Chlorophylls und den atmosphärischen Sauerstoff	Leben nur im Meer
1 400	Vielzellige Algen. Sauerstoffreiche Atmosphäre	Leben nur im Meer
700	Erste Tange (Makroalgen) und erste wirbellose Seetiere	Leben nur im Meer
400	Erste Landpflanzen aus grünen Algen (erste Lebewesen auf der Erde)	Leben im Meer und auf der Erde
100	Erste blühende Pflanzen	Leben im Meer und auf der Erde

Was sind Algen?

Algen sind **pflanzliche Wesen** mit einer einfachen Struktur, die sich im Wasser entwickeln und **im Wasser oder vom Wasser ernähren.** Obwohl es viele Süßwasseralgen gibt, lebt der größte Teil der Algen **im Meer.** Darunter befinden sich einzellige Algen, **mikroskopisch kleine Algen** oder Phytoplankton, die winzig sind und das erste Glied der Nahrungskette der Wassertiere bilden.

Andererseits gibt es vielzellige Algen, auch **Makroalgen** genannt, die man mit dem bloßen Auge sehen kann und mit denen wir uns in diesem Buch als **Meeresalgen** beschäftigen. Ihre Größe ist sehr unterschiedlich und reicht von wenigen Zentimetern über mehrere Meter bis zu 60 Metern Länge.

Als photosynthetisierende Wesen brauchen sie das Sonnenlicht zum Leben, und deshalb hängt die Tiefe, in der sie leben können, vom Einfall der Lichtwellen ab, so dass die maximale Grenze bei 80 Metern Tiefe geschätzt wird.

Diese Meerespflanzen **unterscheiden sich von den Pflanzen, die auf der Erde wachsen,** indem sie

- **keine regulären Wurzeln haben.** Sie heften sich an den Felsen oder am Boden mittels eines Wurzelstocks oder eines Saugnapfs fest. Anders als die Landpflanzen ernähren sie sich nicht durch ihre Wurzeln. Diese dienen lediglich als Halterung, als Anker inmitten der dauernden Wasserbewegungen: Strömungen, Gezeiten und Wellengang;
- über **keinen Pflanzensaft verfügen und auch keine Organe dafür.** Die Algen entnehmen ihre Nahrung durch ihre ganze Oberfläche direkt dem Wasser, das sie umspült, indem sie durch das Sonnenlicht die reiche Nahrung, die im Wasser gelöst ist, verarbeiten und speichern. Algen synthetisieren organische aus anorganischen Stoffen, indem sie in ihren Zellen die Hauptmineralstoffe und Spurenelemente, Proteine, Vitamine, Kohlenhydrate (Zucker) und, in geringer Menge, Fette fixieren. Sie sind *autotroph*, das heißt, dass sie sich von anorganischen Stoffen ernähren (im Gegensatz zu *heterotrophen* Wesen, die sich von organischen Stoffen ernähren). Gleichzeitig sind sie sogenannte Primarproduzenten, die an erster Stelle der Nahrungskette stehen;
- keine **Blüten, Samen oder Früchte** brauchen, um sich fortzupflanzen, da sie dazu Sporen benutzen oder sich durch Teilung des Thallus vermehren und durch Geschlechtszellen, die beim Schwimmen befruchtet werden.

Sonne und Meer sind alles, was Algen brauchen. Sie erschöpfen die Umwelt nicht wie die Pflanzen des Intensivanbaus, und sie benötigen keine menschliche Hilfe, um sich zu entwickeln: weder Dünger, noch Bewässerung oder Pflege.

Wo wachsen Algen?

Die verschiedenen Algenarten passen sich ihrer Umwelt vollkommen an. Die großen essbaren Algen wachsen im Küstenwasser. In einer Tiefe von über 80 m macht der Mangel an Licht ihre Entwicklung praktisch unmöglich.

In einem vielfältigen und stark gegliederten Küstenstreifen wie dem in Galicien (Nordwest-Spanien) können wir zwei Küstenformen unterscheiden, in denen wir ebenso unterschiedliche Algenarten finden werden:

- **Brandungsformen:** Zonen, die einer starken Brandung ausgesetzt sind an der offenen Küste.
- **Ruhige Formen:** Zonen in geschützter Lage.

Besonders wichtig ist der Begriff **Zonenteilung** (Zonierung), das heißt die Einteilung der Küstengebiete mittels **waagerechter Streifen** in direktem Bezug zum **Wasserstand** in den verschiedenen Stufen des Gezeitenzyklus.

So werden **zwei Hauptzonen oder Küstenstreifen** betrachtet, in denen Algen wachsen:

- **Die Gezeitenzone** (oder mittlere Zone). Sie umfasst den Streifen, der zwischen Ebbe und Flut entsteht. Bei Ebbe bleibt dieser Streifen trocken und bringt alle die Gattungen, die sich dem drastischen Wechsel anpassen, zum Vorschein: das heißt, untergetaucht zu sein und mit wenigen Stunden Abstand freigelegt zu werden, um dann wieder vom Meer bedeckt zu werden. In dieser Zone wachsen folgende Algenarten: Fucus, *Chondrus crispus* (Irisches Moos) und *Porphyra* (Nori) und andere;
- **Die Niedere Zone**, die sich unter dem Ebbestand befindet. Diese tiefen Gewässer werden hauptsächlich von großen Algen bevorzugt. Dort leben Laminaria (Kombu), Himanthalia (Meeresspaghetti), Undaria (Wakame), unter anderem nicht so große, aber ebenso tiefebedürftige Algen, wie Palmaria (Dulse) und Gelidium (Agar-Agar).

In den verschieden tiefen Ebenen oder Zonen entwickeln die Algen Färbungen mit bestimmten **Pigmenten**, die von der Natur eigens erschaffen werden, um das Sonnenlicht in verschiedenen Tiefen besser aufzunehmen. Die Regenbogenfarben sind die unterschiedlichen chromatischen Strahlungen des weißen Sonnenlichts, und jede Farbe besitzt eine eigene Fähigkeit, ins Meereswasser einzudringen. Die blauen Strahlungen erreichen die größten Tiefen, während die roten weniger tief einzudringen vermögen: Sie bleiben an der flachen Oberfläche. Während die Rotalgen im Gegensatz zu dem, was man erwarten könnte, die blauen Strahlungen aufnehmen und nicht die roten, nehmen die Grünalgen die roten Strahlungen auf. Die Braunalgen fangen die mittleren Strahlungen auf. Nach dieser chromatischen Spezialisierung, die durch verschiedene Pigmente so bunte Ergebnisse liefert, siedeln sich die Algen in den unterschiedlichen Tiefen an, obwohl man sie meistens vermischt vorfindet. Wir sollten nicht vergessen, dass Algen den atmosphärischen Sauerstoff und die Photosynthese entwickelt haben. Diese photosynthetischen Pigmente „überdecken" das Chlorophyll der Algen und dienen zu ihrer Klassifizierung. Deshalb können Rotalgen beim Kochen wegen der Farbe des Chlorophylls, das sie enthalten, grün werden.

Algengruppen nach ihrer Färbung

Blaugrüne (*Cyanophyta*), die das blaue proteische Pigment *Phycocyanin* enthalten.
Grüne (*Chlorophyta*), welche die Farbe des *Chlorophylls* ohne Tarnung zeigen.
Braune (*Phaeophyta*), die das Pigment *Fucoxanthin* beinhalten.
Rote (*Rhodophyta*), die das proteische Pigment *Phycoerythrin* aufweisen.

Zonen, in denen verschiedene essbare Atlantikalgen wachsen

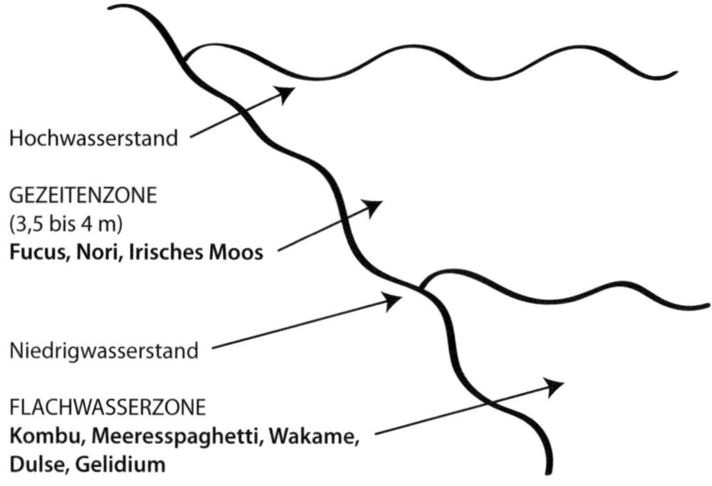

Der Tanz des Ozeans: Strömungen und Gezeiten

Wie bereits bekannt, ist das Meer keine unbewegliche Masse, in welcher der Wind Wellen und manchmal Stürme erzeugt.

Das Meer bewegt sich auch innerlich: Es ist inneren Fluten und Strömungen mit eigenen Gesetzen und eigenartigen Zyklen ausgesetzt.

Es gibt fünf bekannte Hauptursachen dieser Wasserbewegungen im Ozean:

1. Die **Corioliskraft**, hervorgebracht durch die Drehung der Erde
2. Die **Unterschiede der Wasserhöhe** in unterschiedlichen Zonen
3. Die **Unterschiede der Wasserdichte** in den verschiedenen Ozeanregionen
4. Die **Windkraft** in einer einzigen Richtung
5. Die **Gezeiten**.

1. Die **Corioliskraft** steht in Verbindung mit dem Druck der Atmosphäre. Infolge der Drehung der Erde verursacht sie einerseits vorherrschende Winde, andererseits bestimmte Meeresströmungen. Im nördlichen Atlantik entsteht die sogenannte Kanarische Strömung in westlicher Richtung, mit den Passatwinden verbunden, die von der Nordwestküste Afrikas über den Atlantik bis zur Karibik strömt (der Reiseweg des Kolumbus bei seinen Fahrten nach Amerika und auch der meisten Segelschiffe, die von Europa aus den Atlantik überqueren). In der Gegenrichtung strömt der **Golfstrom** nach Osten, der in Zusammenhang mit der Golfstrom-Trift steht, die von der Karibik aus die Seefahrer nach Europa zurücktreibt.

   Diese letzte Strömung und die Passatwinde können erklären, warum Galizien, genauer gesagt der Hafen von Baiona, die erste Stadt Europas gewesen ist, welche die Nachricht der *Entdeckung Amerikas* erfuhr. Die Karavelle *La Pinta* kam zuerst an dieser Küste an und nicht in Cádiz oder Palos – Ausgangspunkt der Expedition. Als Anekdote wollen wir erwähnen, dass heute eine genaue Kopie dieser Karavelle besichtigt werden kann. Sie liegt in diesem schönen und historischen Hafen.

   Diese Strömung erreicht die Nordwestküste Spaniens (Galicien) wie ein Fluss, der manchmal, wenn kräftige Westwinde blasen, bis zu 6 Knoten Geschwindigkeit (11 Stundenkilometer) erreicht, und teilt sich vor dem Kap Ortegal in zwei Richtungen. Einer dieser Zweige dringt in den Golf von Biskaya ein und strömt weiter Richtung Norden, der andere zieht nach Portugal weiter, wo die gleichnamige Strömung Richtung Süden entsteht.

   Diese Strömung bedeutet eine einzigartige Erneuerung und Anreicherung für die Küsten Galiciens und ist dafür verantwortlich, dass es dort so ein lebendiges und vielfältiges Meeresökosystem gibt mit einer erstaunlichen Erneuerungs- und Reproduktionsfähigkeit, die nur mit jener der äquatorialen Urwälder auf dem Festland zu vergleichen ist. (1)

2. **Die Unterschiede des Wasserstands in verschiedenen Meeren** sind ein weiterer Grund der Wasserbewegungen, manchmal sehr gut

erkennbar, wie beim Mittelmeer, das jedes Jahr einen Meter Höhe durch Verdunstung verlieren würde, wenn es nicht die dauernde Ostströmung aus dem Atlantik gäbe, die mit einer Geschwindigkeit von 2 bis 4,5 Knoten (zwischen 3,7 und 8,3 Stundenkilometer) einströmt.

3. **Druckunterschiede** haben zur Folge, dass die Schwimmfähigkeit in den kalten Meeren größer als in den warmen ist. Das heißt: Ein Schiff sinkt eher im Äquatorbereich als in der Nähe der Pole. Dies erzeugt Meeresströmungen, die dazu neigen, die Unterschiede zwischen den Regionen auszugleichen.

4. **Die Winde** erzeugen einen Druck auf die Wellen, und wenn Richtung und Stärke beständig bleiben, entsteht auf die Dauer eine Strömung. Die vorherrschenden Nordostwinde, die im Sommer in Galicien wehen, scheinen die Ursache für eine Verdrängung der Wasseroberfläche nach Südwesten zu sein, indem, hauptsächlich an der Südwestküste, eine typische Strömung entsteht, die aus der Tiefe kommt und zur Oberfläche steigt und dabei eine große Menge Salze und Nahrung mit sich bringt. Diese kalte Strömung, *Upwelling* genannt, tritt in der größten Wachstumszeit der Algen auf und ist einer der bedeutendsten Gründe für die Entwicklung der Algen und ein wesentlicher Faktor für die ständige Erneuerung der Küstengewässer.

5. Zuletzt werden wir das Thema der **Gezeiten** behandeln, die bei den Meeresökosystemen der Ozeane und besonders an der Atlantikküste als grundlegend zu betrachten sind.

DIE GEZEITEN

Wir nennen Gezeiten **die Bewegung großer Wassermengen**, erkennbar am Niveau der Küstenzonen der Ozeane und verursacht durch die **Anziehungskraft der Sonne und des Mondes** auf der Erde.
Die Gezeiten haben einen **Fließzyklus**, der zwei Stufen umfasst: einige Stunden ansteigender Bewegung des Meeresspiegels (Flut) bis zur

maximalen Höhe, **Hochwasser** genannt, und einige Stunden Absenkung (Ebbe) bis zur minimalen Linie, **Niedrigwasser** genannt. Es ist also eine **ständige, sich abwechselnde und periodische auf- und absteigende Bewegung des Wasserspiegels.**

So steigt der Wasserspiegel bis zum Hochwasser circa alle 6 Stunden und 12 Minuten, und diesen Vorgang bezeichnet man als Flut. Weitere 6 Stunden und 12 Minuten dauert die Ebbe bis zum Niedrigwasser. Dieser Zyklus wiederholt sich zweimal am Tag ununterbrochen, mit der Besonderheit, dass sich Ebbe und Flut jeden Tag um eine Dreiviertelstunde gegenüber dem Vortag verzögern, da sich der ganze Zyklus über 24 Stunden und 48 Minuten erstreckt.

Außerdem haben die Gezeiten in Abhängigkeit von den Mondphasen einen **variablen Tidenhub (Unterschied zwischen Hochwasserhöhe und Niedrigwasserhöhe).** Der Tidenhub ist größer bei Voll- oder Neumond, da Sonne, Mond und Erde sich dann auf einer Geraden befinden und sich ihre Anziehungskräfte addieren: So kommt es zur **Springtide.** Den kleinsten Tidenhub gibt es bei Halbmond, wenn Sonne, Mond und Erde in einem rechten Winkel zueinander stehen und die Anziehungskraft des Mondes von der Sonne abgeschwächt wird, es kommt zur **Nipptide.** Die Anziehungskraft des Mondes ist doppelt so stark wie die der Sonne, da der Mond der Erde viel näher ist als die Sonne. Die Anziehungswirkung anderer Gestirne ist der Entfernung wegen praktisch unbedeutend. Der Tidenhub kann sehr unterschiedlich ausfallen in Bezug auf die verschiedenen Regionen des Ozeans. In einigen Küstenzonen gibt es eindrucksvolle Gezeiten, wie in der Bay of Fundy (Kanada) oder im Hafen von Granville (nördliche Bretagne), in denen der Tidenhub bis zu 16 Meter erreicht. An der deutschen Nordseeküste beläuft sich der Tidenhub auf etwa 1 bis 2 Meter, an der westlichen Ostsee nur auf circa 3 Zentimeter. An der nordwestlichen Küste Spaniens beträgt die Jahresspringtide circa 4 Meter und die Nipptide etwa 1 Meter.

Hoch- und Niedrigwasser bei Springtide (Voll- und Neumond) kommen alle 14 Tage zum gleichen Zeitpunkt vor, wie der alte galicische Spruch besagt: *„lúa nova e lúa chea, pleamar ás dúas e media"* (Vollmond und

Neumond, Flut um halb drei). So merken sich die Seeleute noch heute den Zeitpunkt der Flut bei Springtide. Wenn man 6 Stunden und 12 Minuten abzieht oder addiert, kann man die Zeit des Niedrigwassers kalkulieren: Die beste Zeit, um Algen und Meeresfrüchte vom Land aus zu sammeln. Am Tag danach werden sich Hochwasser und Niedrigwasser circa 50 Minuten verzögern, und so jeden Tag weiter. Diese ständigen Veränderungen bestimmen die Zeit, in der die Seeleute ins Watt gehen können.

Die Gezeiten – und besonders die Springtiden – bestimmen den Arbeitstag der meisten Meeresfrüchtesammler in Galicien.

In zwei Jahreszeiten kommen besonders hohe Springtiden vor: im März und im September, nahe der Tagundnachtgleiche.

In Spanien wird jedes Jahr ein Jahrbuch der Gezeiten vom Hydrographischen Institut der Marine herausgegeben, mit ausführlichen Tabellen der Zeiten von Hoch- und Niedrigwasser, auf die wichtigsten spanischen Häfen bezogen.

Diese ständige Bewegung des Meeres, am Mittelmeer fast unbemerkbar, ist für das Thema, welches wir behandeln, sehr wichtig: Es bedeutet, dass Millionen Tonnen Wasser in wenigen Stunden bewegt werden und deshalb eine Erneuerung der Nährstoffe und eine ununterbrochene Sanierung der Gewässer, in denen Algen wachsen, vollzogen wird. Sogar in geschlossenen Buchten, wie der Ría de Vigo in Galicien, kann sich das Wasser alle 14 Tage vollkommen erneuern, wie die Studien des Ozeanographischen Instituts von Vigo belegen.

Galicien: ein Garten unter Wasser

Galicischer Fisch und Meeresfrüchte sind hauptsächlich in Spanien sehr bekannt. Wie wir aus dem vorigen Absatz bereits wissen, ist in Galicien das Meer wegen der Strömungen, die dort zusammenfließen, besonders reich, hinzu kommen die Küstenform und der organische Reichtum des Grundes. Die Fähigkeit, organische Stoffe zu erzeugen, ist in diesem Ökosystem pro Jahr so groß, dass es die äquatorialen Wälder übertrifft, es handelt sich um eine der reichsten Meeresumwelten der Erde.

Die Lage Galiciens entspricht einer gemäßigten Breite zwischen den Breitengraden 42 und 44, interessanterweise Japan entsprechend. Vom Fluss Eo bis zur Miño-Flussmündung ist die Galicienische Küste stark durch den Charakter der **Rías** gekennzeichnet. Rías sind fjordähnliche Trichtermündungen Galicischer Flüsse, also keine echten Flüsse, sondern eher Buchten, in denen sich offene und geschützte Zonen abwechseln, wilde und ruhige Stellen, Granitsteilküsten und breite Strände und Sandflächen, Fels- und Schlammgrunde, durch den häufigen Regen hervorgebracht. Diese Gegensätze, die typischen Meeresströmungen und die Unterschiede im Salzgehalt, bilden die Ursache der außerordentlichen biologischen Vielfalt, die diesen Küstenstreifen prägt.

Aber bis jetzt wissen nur wenige einen wichtigen Teil dieses Reichtums zu schätzen: die Meeresalgen.

Die galicische Küste nimmt 35 % der gesamten spanischen Küste ein. Auf den 1 700 Kilometern kapriziöser, steiler und wunderschöner Küste, die zu mehr als 80 % aus Felsen bestehen (wichtiges Substrat zur Befestigung der Algen), wachsen jährlich 600 000 Tonnen Laminaria (Kombu), 2 500 Tonnen Irisches Moos, 3 000 Tonnen Fucus usw. Es gibt 260 000 Hektar Untersee-Felsen, an denen Algen wachsen können.

Dort finden sich echte unterseeische Wälder und bunte Gärten, die durch Wellengang und Gezeiten schwingen, mit prächtigen Exemplaren, die mehrere Meter lang sind. Sie bilden ein dichtes Laubwerk, das dem des galicischen Festlandes zu entsprechen scheint.

1990 förderte die galicische Landesregierung eine ausführliche Untersuchung, die nachwies, dass die nordwestliche Zone der Iberischen Halbinsel über die besten Wildalgenvorräte verfügt, mit einem außergewöhnlichen Reichtum an essbaren und heilenden Arten. Diese 1993 herausgegebenen wissenschaftlichen Studien nennen von den über 600 erfassten bis zu 60 verschiedene interessante Arten und beschreiben ihre Hauptverwendung und Eigenschaften.

Somit werden Algen auch von offizieller Seite als Nahrungsvorrat des Landes gewürdigt, wie bislang Fisch, Meeresfrüchte oder Wein. Sie gelten also nicht mehr als exotisches Erzeugnis, das aus dem Fernen Osten kommt, sondern als Schatz, der uns schon immer gehörte, den wir aber erst jetzt richtig zu schätzen wissen.

Algenernte

Ernte kommt an Land

Einfuhr der Ernte

Ernte von Meeresspaghetti-Algen in Küstennähe

Vorbereitung für die Trocknung

Getrocknete Meeresspaghetti

Wie Algen in Galicien geerntet und getrocknet werden

Das Sammeln der Algen ist in Spanien seit 1930 geregelt; und in Galicien wird heutzutage die entsprechende Genehmigung an Firmen oder Genossenschaften von der Landesregierung erteilt. Dazu sind die Antragsteller verpflichtet, einen Nutzungsplan vorzulegen, in welchem die Erntegebiete, die Algenarten und die Mengen frischer Algen, die in jeder Erntezeit voraussichtlich gesammelt werden, ausführlich beschrieben sind. Vor jeder Erntezeit müssen die genehmigten Pläne auf den neuesten Stand gebracht werden. Die Erntezeiten sind Frühjahr und Sommer, wenn die Tage mehr Lichtstunden haben und die größeren Algen ihr maximales Wachstum erreichen.

Im Herbst werden die meisten Algen welk und sinken auf den Grund oder werden durch Wellengang und Stürme losgerissen und ans Ufer getrieben, wo sie sich anhäufen. Da sie verdorben, mit Sand vermischt und oft schon verfault sind, nützen sie nur als Dünger für die Felder und sind keinesfalls zum menschlichen Verzehr geeignet. Der Anblick solcher verwelkten Algenmengen – verbunden mit Unkenntnis – mag erklären, warum einige Menschen eine Abneigung gegen Algen empfinden.

Die Ernte für den menschlichen Verzehr findet statt, wenn die Algen sich in der **Wachstumsphase** befinden, **bevor sie verwelken** und von der Meeresgewalt abgerissen werden.

- Einige Algen werden **unter Wasser** mit Messer oder Sichel abgeschnitten (Wakame, Meeresspaghetti, Kombu und Dulse), andere, die in der Gezeitenzone wachsen, werden während der Niedrigwasserzeit bei Springtiden **trocken** gesammelt (zum Beispiel Nori, Irisches Moos und Fucus).
- Das Sammeln der Algen im **Trockenen** beschränkt sich auf die Tage der *Springtiden*, wenn das Niedrigwasser eine effiziente Arbeit erlaubt, und ist an den Tagen der *Nipptide* ausgeschlossen. Außerdem richtet sich jeder Tag nach unterschiedlichen Stundenplänen (abhängig von den Gezeiten, wie im entsprechenden Absatz bereits verdeutlicht).

Die Algen werden durch ein manuelles Verfahren gesammelt, das wegen des abwechslungsreichen Bodenprofils, auf dem gearbeitet wird, felsig und glitschig, und wegen der kurzen Zeit, die zur Verfügung steht (Niedrigwasserstunden), große Geschicklichkeit und Gewandtheit erfordert. Neben dem Mähen und Einpacken der Algen in Netzsäcke, damit das Wasser ablaufen kann, müssen sie vor der kommenden Flut geschützt werden, wobei die Sammler oftmals die Felswände erklettern müssen, bis in höhere Küstenstreifen, die vom Hochwasser nicht erreicht werden. Ein anderes Verfahren, Algen zu ernten, ist das **Tauchen**. Die Algen werden von professionellen Tauchern, die dazu eine besondere Erlaubnis haben, unter Wasser gemäht. Die gefüllten Netzsäcke werden von ihren Kollegen mit Booten eingesammelt und an Land gebracht. Beide Arbeitsmethoden, das heißt, die Algen an den steilen und felsigen Wänden bei starkem Wellengang zu sammeln, sowie auch längere Zeit unter Wasser zu arbeiten, sind sehr anstrengend und werden gut bezahlt. Außerdem muss man damit rechnen, dass der natürliche Algenwuchs an der Küste unterschiedlich ist und sich von Jahr zu Jahr verändert.

Hier werden die Algen aus Wildsammlung mit dem Ausblick einer zukünftigen steigenden Nachfrage behandelt. Die Nachfrage wird jedoch so groß sein, dass sie von Naturschutzgebieten nicht gedeckt werden kann. So wie es in Japan seit vielen Jahren der Fall ist, wurden mehrere experimentelle Studien zur Kultivierung bereits von Biologen der Universitäten von Santiago und La Coruña in Zusammenarbeit mit dem Spanischen Institut für Meereskunde mit sehr positiven Ergebnissen durchgeführt.

Sobald die Algen **eingesammelt und vor der kommenden Flut geschützt** sind, werden sie in die Trockenanlagen abtransportiert, in denen sie durch Wind und Sonne, bzw. heiße Luft, getrocknet werden. Danach werden sie in Stücke geschnitten, in lebensmittelgeeignete Plastikfolien verpackt und gelagert. Es ist sehr wichtig, dass die Packung sorgfältig verschlossen wird (hauptsächlich durch Vakuumverpackung), da andernfalls die in den Algen enthaltenen Salze Feuchtigkeit anziehen würden.

Das Trocknen ist ein traditionelles Verfahren und die meistgenutzte Art in der ganzen Welt, um Algen zu konservieren. Die Temperatur in den Trockenanlagen sollte nie 45° C übersteigen, um die Nährwerte der Algen am besten zu konservieren. Die Algen werden, je nach Art, zwischen **16 und 24 Stunden** lang getrocknet, wodurch ihr Feuchtigkeitsgehalt bis auf **15 %** reduziert wird. Das heißt, dass sie circa **85 %** **ihres Gewichts** durch das Trocknen verlieren. Die auf diese Art und Weise getrockneten Algen halten sich jahrelang und brauchen nicht im Kühlschrank oder einer Kühlkammer gelagert zu werden. Deshalb und auch wegen ihres niedrigen Gewichts und Umfangs sind sie leicht zu Hause oder in Lagern aufzubewahren und besonders geeignet als Vorrat für Reisen.

In Galicien werden Algen außerdem auch in Konservendosen verpackt, indem man die bereits vorhandenen Anlagen der zahlreichen Fischkonservenbetriebe nutzt.

Manchmal werden die trockenen Algen zu Flocken oder Graupen zerkleinert oder zu Mehl gemahlen, als Zutaten für Tees, Suppen, fleischlose Wurstwaren, Brot, Gebäck, Gewürze, Kosmetika, Viehfutter, Dünger usw.

Wer hat die galicischen Algen erforscht?

Die Forscher Lázaro und Ibiza begannen Ende des 19. Jahrhunderts damit, diesen außergewöhnlichen Unterwasserreichtum Galiciens wissenschaftlich zu erforschen. In den 1950er Jahren setzten Miranda y Bellot, Fischer, Piette und André ihre Arbeit fort, in den 1960er Jahren waren es Donze, Seoane-Camba und Fischer. Zehn Jahre später sammelten dann Niell und noch später Pérez Cirera, Maldonado, Gallardo und Salvador wissenschaftliche Erkenntnisse.

- Im Jahr 1987 veröffentlichte das Haus der Wissenschaft von La Coruña den **Guía de las Algas del Litoral Gallego (Leitfaden über Algen der galicischen Küste)**, erstellt von den Professoren Javier Cremades und Ignacio Bárbara der Universität von La Coruña.
- Im selben Jahr gab das Ministerium für Fischerei, Muschelzucht und Aquakultur der Regierung der Autonomen Region Galicien die erste Algenkarte Galiciens in Auftrag: **Kartografie der Makroalgen an der galicischen Küste.**
- Im Jahr 1992 veröffentlichte die Universität von Santiago de Compostela das Buch **Drogas del Mar: Sustancias Biomédicas de Algas Marinas (Arzneimittel aus dem Meer: Biomedizinische Stoffe der Meeresalgen)** von Angeles Muñoz, Adolfo López und anderen.
- Ein Jahr später, im Jahr 1993, erschien das Werk **Las Algas en Galicia, Alimentación y otros Usos (Algen in Galicien, Ernährung und andere Verwendungszwecke)** auf Spanisch und Galicisch. Diese Studie wurde vom Ministerium für Fischerei, Muschelzucht und Aquakultur herausgegeben und gefördert und ist das Ergebnis der Zusammenarbeit

von Meeresbiologen, Ernährungswissenschaftlern, Kochlehrern und Apothekern. In dieser Studie werden mehrere Aspekte behandelt, unter anderem folgende: Beschreibung von Arten und Ressourcen, Analyse der Nährstoffzusammensetzung, Zubereitungsarten, Mikrobiologie, Kosmetik, Medizin usw. Dieses Werk des Zentrums für Unterwasserforschung wurde von José Luis Catoira koordiniert.

- Im Jahr 1997 fand auf der Insel Arousa die erste internationale Tagung über Algen – finanziert durch den Europäischen Sozialfonds und in Zusammenarbeit mit der Regierung der Autonomen Region Galicien und dem Algenforschungszentrum CEVA (Centre d'Etude et de Valorisation des Algues) – statt. Unter den Teilnehmern befanden sich Algologen, Ozeanographen, Biochemiker, Köche, Kosmetiker, Geschäftsleute, Seefahrer usw. Die verschiedenen Beiträge wurden in dem Buch **Algas: una Alternativa de Futuro (Algen: Eine Alternative mit Zukunft)** zusammengefasst.

- Im Jahr 1998 wurde das Buch **Algas mariñas de Galicia: Bioloxía, gastronomía, industria (Galicische Meeresalgen: Biologie, Gastronomie, Industrie)** von Concepción González, Oscar García und Luis Míguez veröffentlicht.

- Ebenfalls im Jahr 1998 kofinanzierte der Europäische Sozialfonds die Studie **Las Macroalgas marinas y sus Aplicaciones (Marine Makroalgen und ihre Anwendungsbereiche)** des Forschungsteams der wissenschaftlichen Fakultät der Universität von La Coruña bestehend aus Javier Cremades, Ignacio Bárbara und Alfredo Veiga.

- Im selben Jahr startete die **Abteilung für Stoffwechsel und Ernährung des Obersten Rates für wissenschaftliche Forschung (CSIC)** in Zusammenarbeit mit **Algamar** ein spezifisches Programm für galicische Algen, welches durch die **Interministerielle Kommission für Wissenschaft und Technologie (CICYT) finanziert wurde.**

- Seither entwickeln die **Universität Complutense Madrid**, die **Universität von Santiago** und der **CSIC** verschiedene Forschungsprojekte über die menschliche Ernährung, die dazu dienen und dienen werden, das Wissen über galicische Algen zu erweitern.

Nachfolgend seien einige der veröffentlichten wissenschaftlichen Arbeiten über Algamar-Algen genannt:

- **Oberster Rat für wissenschaftliche Forschung (CSIC):**

„Fibra Dietética y Propiedades Fisicoquímicas de Algas Comestibles Españolas" (Ballaststoffe und physikalisch-chemische Eigenschaften spanischer Speisealgen) – 2001

„Contenido mineral de algas marinas comestibles" (Mineralstoffgehalt essbarer Meeresalgen) – 2002

- **CSIC und Universität Complutense Madrid:**

„Dietary Modulation of Bacterial Fermentative Capacity by Edible Seaweeds in Rats" – 2001

"Determinación de Elementos Mayoritarios en Macroalgas Procedentes de las Costas de Galicia Mediante Espectrometría de Emisión Atómica en Plasma de Acoplamiento Inductivo (ICP – AES)" (Bestimmung der wichtigsten Spurenelemente von Makroalgen der galicischen Küsten durch Atomemissionsspektrometrie in einem induktiv gekoppelten Plasma) – 2002

„Characteristics and Nutritional and Cardiovascular-Health Properties of Seaweeds" – 2009

„Propiedades Nutricionales y Antioxidantes de Diferentes Algas Españolas" (Nutritive Eigenschaften und Antioxidantien verschiedener spanischer Algen) – 2010

- **Universität von Santiago:**

„Aplicaciones de Técnicas Cromatográficas (HPLC y CG) al Estudio de Nutrientes en Algas Comestibles Procesadas" (Anwendung chromatographischer Techniken (HPLC und CG) zur Untersuchung von Nährstoffen in verarbeiteten Speisealgen) – 2003 – Abteilung für analytische Chemie, Ernährung und Bromatologie USC

„Ácidos Grasos, Lípidos Totales, Proteínas y Contenido Mineral en Algas Comestibles Procesadas" (Fettsäuren, Gesamtlipide, Proteine und Mineralstoffgehalt in verarbeiteten Speisealgen) – 2004

44

„Estudio de Algas para Consumo Humano Producidas y Manufacturadas en Galicia: Evaluación de su Seguridad Alimentaria" (Studie über in
Galicien produzierte und erzeugte Algen für den menschlichen Verzehr:
Bewertung ihrer Lebensmittelsicherheit) – 2005 – Abteilung für analytische Chemie, Ernährung und Bromatologie USC
„Evaluation of an in vitro method to estimate trace elements bioavailability in edible seaweeds" – Talanta 82 (2010)
„Especiación y Biodisponibilidad de Yodo en Algas Comestibles Recogi-
das en Galicia" (Speziation und Bioverfügbarkeit von Jod in Speisealgen
aus Galicien) – 2012 – Abteilung für analytische Chemie, Ernährung und
Bromatologie USC

Es gibt zahlreiche Felder, die bereits angerissen und untersucht wurden
und die zur Weiterverfolgung einladen: Mineralstoffe, Spurenelemente,
Proteine, Aminosäuren, Vitamine, Ballaststoffe, Fettsäuren, Antioxidantien, Jod usw. mit ihren verschiedenen Anwendungsbereichen.

Algen und Umweltverschmutzung

In der heutigen Zeit ist es unmöglich, das Thema Umweltverschmutzung
außer Acht zu lassen. Eine zu 100 % reine und unberührte Natur ist
zum unerreichbaren Ideal geworden. Man denke dabei allein an die Luft,
die wir Tag für Tag – insbesondere in den Städten – einatmen und der
auch die Tiere und Pflanzen ausgesetzt sind. Ungeachtet dieser Situation
leben wir und können – oder müssen – diese Welt zum bestmöglichen
Paradies auf Erden machen.
In der Nähe von Industriegebieten oder Großstädten wachsen für gewöhnlich nicht die Algen, mit denen wir uns beschäftigen, sondern andere, die als Bioindikatoren für die Wasserqualität dienen und sogar zur
Reinigung des Wassers eingesetzt werden. Doch Algen dürfen nicht als
„Filter des Meeres" verstanden werden. Diese Annahme ist ein Irrtum,
der sich mancherorts verbreitet hat. Algen sind keine Wasser filternden

Organismen, wie das bei Weichtieren – beispielsweise Muscheln – der Fall ist.

Es sei daran erinnert, dass Fische und Schalentiere zwischen 10 und 100 Mal mehr organische und anorganische Verschmutzung aufnehmen können als Algen, die als „Bioindikatoren" fungieren. Algen haben gegenüber Fischen den Vorteil, dass sie auf dem Substrat fixiert bleiben, weshalb wir die Qualität der Umgebung, in der sie wachsen, leichter kontrollieren können. Wir empfehlen jedem, der eine der hier beschriebenen Algen (oder andere) als Nahrungsmittel sammeln möchte, die Nähe zu Städten, Industriegebieten oder Flussmündungen – und sogar sehr dicht besiedelte oder enge Meeresbuchten – zu meiden. Das ist eine Frage des gesunden Menschenverstandes. Zum Glück für Algensammler und -konsumenten gibt es noch viele Küsten, die frei von diesen **möglichen Kontaminationsquellen** sind.

Zum anderen möchten wir die Reinigungswirkung des Sonnenlichts, insbesondere der **Ultraviolettstrahlung**, sowie des Sauerstoffs unterstreichen, der es schafft, Rückstände zu oxidieren und zu zersetzen. Darüber hinaus ist **Natriumchlorid** („das Salz") ein organischer Stoff mit erstklassiger Reinigungswirkung, der eine übermäßige virale und bakteriologische Kontamination des Wassers zu neutralisieren vermag.

Schauen wir uns die möglichen Ursachen der Kontamination von Algen einmal genauer an:

ÖLTANKER

An der europäischen Atlantikküste kam es bereits zu Umweltverschmutzungen durch den Untergang von Öltankern. Zu den jüngsten Fällen zählen der Öltanker Erika vor der französischen Bretagne und der Tanker Prestige in Galicien. Doch zum Glück sind Kohlenwasserstoffe, obgleich solche Katastrophen zunächst „skandalös" erscheinen, in hohem Maße biologisch abbaubar – tatsächlich handelt es sich um fossile Derivate verrotteter Pflanzen – und zudem gibt es Bakterien, die eigens auf deren Abbau spezialisiert sind (29). Diese Bakterien spielten eine Schlüsselrolle bei der Bekämpfung der Ölpest, die durch den Schiffbruch der Exxon Valdez im Jahr 1989 ausgelöst wurde. Kurios ist unter anderem die Tatsache, dass bei der Bildung von Erdöl Mikroalgen wie die *Botryococcus braunil* eine entscheidende Rolle spielen und etwa 80 % des Gewichts von Kohlenwasserstoffen ausmachen. Laut wissenschaftlichen Veröffentlichungen einiger Professoren der Universitäten von La Coruña und Santiago de Compostela sind Algen im Vergleich zu Meerestieren nicht besonders empfindlich gegenüber Kohlenwasserstoffkontaminationen (28).

Die Jahreszeit, in der ein Tanker auf Grund geht, ist ein weiterer bedeutender Faktor, der in Bezug auf Algen zu berücksichtigen ist. Im Frühling vermehren sie sich explosionsartig, während ihr Wachstum im Herbst und Winter zurückgeht.

Und selbst wenn ein Ölteppich nicht beseitigt werden sollte, würde ihn der Golfstrom **in nur einem Monat 2 000 km weitertragen** und das Öl würde sich progressiv mit der Ozeanmasse vermischen, wodurch eine Regeneration des Küstenökosystems ermöglicht wird. Die **Strömungen und Gezeiten** sorgen fortwährend für **Ausgleich, Erneuerung und Anreicherung**. Am besten sollten Algen jedoch auf offener und reiner See sowie an dünn besiedelten Küstenstreifen gesammelt werden.

SCHWERMETALLE

Hinsichtlich dieser Thematik sei daran erinnert, dass eine Umweltverschmutzung durch Schwermetalle in direktem Zusammenhang mit der übermäßigen Anhäufung von chemischen Elementen steht, die in der richtigen Dosierung für unsere Gesundheit **unabdingbar** und für die organischen Funktionen wesentlich sein können. *Spurenelemente* wie Eisen, Zink, Nickel, Selen, Chrom oder Arsen verwandeln sich dann in *Schwermetalle*, wenn sie sich in bestimmten Industriegebieten ansammeln. Erst ein Ungleichgewicht, Missverhältnis oder Übermaß lässt sie schädlich werden.

Wie bereits oben erwähnt muss berücksichtigt werden, in welchen Gebieten und in welchem Meer die Algen wachsen. Die Küsten des Atlantischen Ozeans, von denen wir sprechen, haben beispielsweise wenig gemein mit denen anderer, geschlossener Meere wie dem Mittelmeer: hinsichtlich der konstanten Erneuerung des Wassers (Strömungen und Gezeiten), des

Wasservolumens und der Einwirkungen des Menschen sowie der Industrie auf die Küsten etc. Im Mittelmeer gibt es praktisch keine Speisealgen und die wenigen, die vorkommen, sind sehr klein und nur in unbedeutenden Mengen vorhanden.

Im Jahr 2001 veröffentlichte die Universität Complutense in ihrer Studie „Elementaranalyse von als Lebensmittel verwendeten Algen" (32) einige Ergebnisse in Bezug auf den Metallgehalt in atlantischen Algen, aus denen Folgendes hervorgeht:

- „Der Mineralgehalt der analysierten Algen ist hoch genug, um als interessante Spurenelementergänzung für die Nahrung angesehen zu werden."
- „Die untersuchten Algen bereichern die Ernährung mit essenziellen Spurenelementen wie Zink, Kobalt, Chrom, Eisen, Mangan, Molybdän, Nickel, Selen und Vanadium in Konzentrationen, die für die tägliche Nahrungsaufnahme von Erwachsenen als angemessen und unschädlich erachtet werden."
- „Als giftig erachtete Elemente oder Elemente, denen im Körper keine bekannte metabolische Funktion zukommt, werden in Algen in Konzentrationen vorgefunden, die unter den für den menschlichen Organismus als schädlich angesehenen Konzentrationen liegen."

Anschließend wurden durch die Fakultät für Chemie der **Universität von Santiago de Compostela** Schwermetallanalysen von **Algamar-Algen** durchgeführt. Die Ergebnisse belegen, dass keine Schadstoffbelastung vorliegt; insbesondere lassen sich keine Quecksilberrückstände nachweisen. Abgesehen von Quecksilber stellt Arsen ein weiteres Schwermetall dar, das in Form von anorganischem (oder mineralischem) Arsen bereits für Beunruhigung gesorgt hat und schließlich von der Europäischen Union reguliert wurde. Vor allem die Hiziki-(oder Iziki-)Alge wurde in Frankreich verboten und auch andere europäische Länder sprachen sich aufgrund ihrer hohen Konzentration von mineralischem Arsen gegen ihre Einfuhr aus. Es muss allerdings gesagt werden, dass diese japanische Alge innerhalb der Speisealgen einen Einzelfall darstellt und dass keinesfalls verallgemeinert werden kann, Algen im Allgemeinen wiesen einen zu hohen Gehalt an Arsen auf. Keine der von der Universität von Santiago untersuchten Speisealgen aus dem Atlantik weist dasselbe Problem auf.

RADIOAKTIVITÄT

Seit dem Unfall des Kernkraftwerks Fukushima in Japan im Jahr 2011 hat die Angst vor radioaktiver Kontamination zugenommen.

In der Folge wurden die sogenannten „Geigerzähler" für den Hausgebrauch auf den Markt gebracht. Diesbezüglich ist zu erwähnen, dass diese Messgeräte – zumindest jene, die uns bekannt sind – nicht zwischen natürlicher Radioaktivität und künstlicher Radioaktivität unterscheiden. Die durch diese Geräte in bestimmten Lebensmitteln – wie Algen oder Bananen – nachgewiesene Radioaktivität kann demzufolge auf deren eigene Mineralien, wie beispielsweise Kalium, zurückzuführen sein und somit nichts mit der durch ein Kernkraftwerk künstlich erzeugten Radioaktivität zu tun haben. Die Unkenntnis über solche Faktoren kann zu unbegründeter Besorgnis führen.

Um sicherzugehen, dass unsere Algen kein Risiko bergen, hat Algamar Proben an das **Ministerium für Wissenschaft und Innovation von Madrid**, genauer gesagt an das **Institut Carlos III**, gesandt, welches nach Durchführung der entsprechenden Analysen eine Bescheinigung über das **Nichtvorhandensein von radioaktiver Kontamination** ausgestellt hat.

ALGEN – SCHADSTOFFBESEITIGER

Dies ist eine der überraschendsten und wissenschaftlich nachgewiesenen Eigenschaften von Algen: ihre Fähigkeit, Schwermetalle und Radioaktivität im Körper zu neutralisieren und zu beseitigen. Wir erinnern an die Forschungsarbeit von Dr. Skoryna und seinen Mitarbeitern vom Institut für Gastroenterologie an der Universität McGill (Montreal – Kanada), die im Jahr 1965 den Nachweis dafür lieferten, dass die entgiftende Wirkung der Alginsäure (ein bestimmtes Polysaccharid in Braunalgen, unter anderem in Kombu- und Wakame-Algen) hohe Dosen von Schwermetallen –

wie beispielsweise Blei, Cadmium, Quecksilber und Aluminium – im Körper (durch Chelatbildung, das heißt „fangen" und „festhalten") zu neutralisieren vermag.

Zu einem späteren Zeitpunkt vertieften andere Forscher die Arbeit von Dr. Skoryna und gelangten zu denselben Ergebnissen. So spezialisierten sich unter anderem Dr. Yukio Tanaka und Dr. J. F. Stara auf die entgiftende Wirkung von Algen bei Kontaminationen mit den radioaktiven Stoffen Barium und Radium sowie mit den nicht radioaktiven Schwermetallen Cadmium und Blei. Bei diversen Cadmiumvergiftungen der japanischen Bevölkerung in den 1970er Jahren sowie bei einer Quecksilbervergiftung aufgrund eines Unfalls in der Minamata-Bucht (Japan) wurden erfolgreiche Algenbehandlungen durchgeführt. (31)

EIN SICHERES NAHRUNGSMITTEL

Hier die Worte des französischen Ozeanographen und Leiters des Algenforschungszentrums CEVA[*], Dominique Brault: „Der Vorteil von Galicien besteht darin, dass es über eine bedeutende Algenbiomasse verfügt und seine Gewässer qualitativ hochwertig und schadstofffrei sind" (Internationale Tagung *„Algas: una Alternativa de Futuro"* / Algen: Eine Alternative mit Zukunft. Insel Arousa, 1997).

Unsere dehydrierten und kontrollierten Algen geben demnach keinen Anlass zur Besorgnis, sondern verfügen vielmehr über zahlreiche dekontaminierende Eigenschaften für unsere Gesundheit, auf die in anderen Abschnitten eingegangen wird: eine antibakterielle, antivirale, antimykotische und anti-radioaktive Wirkung sowie eine Schwermetall-abbauende Wirkung im Organismus.

Wir beenden diesen Abschnitt mit einer Schlussfolgerung aus einer weiteren wissenschaftlichen Arbeit mit dem Titel: *„Estudio de Algas para Consumo Humano Producidas y Manufacturadas en Galicia: Evaluación de su Seguridad Alimentaria"* (Studie über in Galicien produzierte und

---

[*] Das Algenforschungszentrum *Centre d'Etudes et de Valorisation des Algues* in Pleubian (französische Bretagne) ist das erste europäische wissenschaftliche Zentrum, das sich der angewandten Algenforschung widmet.

erzeugte Algen für den menschlichen Verzehr: Bewertung ihrer Lebensmittelsicherheit) der Universität von Santiago de Compostela von Februar
2005. Darin heißt es: **Demzufolge können galicische Algen ... auf den
europäischen Märkten sicher zugelassen und als neue Lebensmittel
konsumiert werden.** (30)

Die ökologische Zertifizierung
von galicischen Algen

Gemäß der Verordnung (EG) Nr. 710/2009 der Kommission, veröffentlicht am 5. August 2009, trat am **1. Juli 2010** die **erste europäische
Verordnung** in Kraft, welche die ökologische Zertifizierung von Algen
regelt.

Bereits im Jahr 1997 beantragte Algamar beim Ministerium und den be-
treffenden Zertifizierungsstellen die Anerkennung von Algen als ökolo-
gisches Produkt, jedoch ließ eine ausdrückliche Regelung noch weitere 13
Jahre auf sich warten. Unser Unternehmen war an der Ausarbeitung des
Entwurfs dieser Regelung beteiligt und unterbreitete der Europäischen
Union im Oktober 2008 seine Vorschläge.

Vor diesem Zeitpunkt waren **Algen als Bio-Lebensmittel** auf den bedeutendsten ökologischen Messen vertreten, von der BioCultura in Spanien bis hin zur BIOFACH in Deutschland, und ökologische Erzeugnisse
konnten Algen als Inhaltsstoffe verwerten. Doch den Algen selbst fehlte
das offizielle Siegel eines „Bioprodukts", da die europäischen Zertifizierungsstellen **nur für Erzeugnisse des Bodens** (Landwirtschaft, Viehzucht
und Derivate) zuständig waren.

Was jedoch könnte noch ökologischer sein als Algen? Algen benötigen
für ihr Wachstum nur das **Meer** und die **Sonne**.

Gemäß der neuen **europäischen Verordnung** muss zur Zertifizierung von
Wildalgen zunächst eine erste Schätzung der Biomasse vorgenommen
werden. Die Ernte hat so zu erfolgen, dass die geerntete Menge keinen

wesentlichen Einfluss auf den Zustand der aquatischen Umwelt nimmt, dass Maßnahmen zur Regeneration der Algen ergriffen werden und dass die Mindestgröße sowie die Reproduktionszyklen berücksichtigt werden. Unternehmen, die im Bereich der Algennutzung tätig sind, müssen nachweisen, dass in den Erntegebieten eine nachhaltige Bewirtschaftung stattfindet.

Die Verordnung regelt ebenfalls den „Anbau" von Algen – eine Realität, die bereits auf viele asiatische Hersteller zutrifft. Diese Stufe würde den nächsten Schritt der Algenproduktion darstellen, wenn die Nachfrage der Verbraucher dies verlangen und die Verfügbarkeit der erneuerbaren Algenressourcen es erforderlich machen sollte.

Seit dem Jahr 2010 sind **alle in diesem Buch aufgeführten Algen** als **ökologische Lebensmittel** aus Galicien anerkannt und zertifiziert. Galicien stellt somit die erste europäische Meeresregion dar, die eine so vollständige Zertifizierung erhalten hat.

Was für sonderbare Namen!

Die Namen der Algen, ebenso wie die der Landpflanzen, sind in jedem Land unterschiedlich und manchmal sogar in derselben Gegend. Einige Algenarten haben keine herkömmlichen Namen, weil sie sehr selten sind oder weil sie unter einem allgemeinen Namen bekannt sind.

Dass uns die Namen der Algen fremd erscheinen, ist selbstverständlich, da wir uns mit den Algen bis jetzt wenig vertraut gemacht hatten.

Einige typische Atlantikalgen sind nach den ersten Namen benannt, unter denen sie in Europa bekannt – oder die am meisten gebraucht – wurden: Dulse (gälischer Herkunft), Meeresspaghetti (nach dem Franzosen Guy Balahy benannt), Irisches Moos, Fucus.

Die Algen, die identisch oder denen sehr ähnlich sind, die von den Japanern ihren Namen erhielten, werden unter derselben Bezeichnung geführt, auch wenn sie in anderen Ländern wachsen. Nori, Wakame oder Kombu sind in aller Welt gebräuchliche und gewöhnlich benutzte Namen, weil die Japaner die Ersten waren, die sie auf den internationalen Markt brachten.

Um genau die Algen zu bezeichnen, über die wir berichten, hat jede Algenart „einen Namen und einen Vornamen": den botanischen Namen, den man im Algenführer findet und der wissenschaftlich anerkannt ist, genau wie es bei den Landpflanzen gängig ist.

Der botanische Name besteht im Lateinischen aus zwei Wörtern. Das erste Wort bezeichnet die Gattung und das zweite meistens eine Eigenschaft, die sie von den Arten derselben Gattung unterscheidet. Zum Beispiel: *Porphyra umbilicalis*. Der Vorname verweist auf das griechische Wort *porphyra*, das heißt „Purpurfärbstoff", und der Name *umbilicalis* erwähnt die spezifische Form des Innenteils der Alge, der an einen Bauchnabel erinnert. Wenn wir also über *Porphyra* sprechen, meinen wir eine Algengattung, in der verschiedene Arten auftreten: *umbilicalis*, *purpurea*, *linearis*, *tenera* usw.

Die Namen der Atlantikalgen

Handelsname	Wissenschaftlicher Name
Meeresspaghetti	Himanthalia elongata
Kombu	Laminaria ochroleuca Laminaria saccharina
Wakame	Undaria pinnatifida
Nori	Porphyra umbilicalis Porphyra linearis
Agar-Agar	(Extrakt) Gelidium sesquipedale
Dulse	Palmaria palmata
Irisches Moos	Chondrus crispus
Fucus	Fucus vesiculosus Fucus spiralis

Die einzelnen genießbaren Atlantikalgen

Wakame *(Undaria pinnatifida)*

Wakame-Algen gehören zu den Braunalgen und sind hell braun-grünlich.

Sie stammen aus dem Pazifischen Ozean und kamen nach Europa in einer Fracht von Austernsamen aus Japan, wo die Kultur dieser Algenart weit verbreitet ist. In Galicien haben sich die Wakame-Algen sehr gut angepasst und wachsen wie Rieseneichenblätter, oft in Symbiose mit Miesmuscheln.

Wakame-Algen leben in tiefen Gewässern (bis zu 25 Metern) und können 1,5 Meter lang werden. Im Frühjahr erreichen sie ihr maximales Wachstum. Die Ernte ist besonders schwierig und wird von spezialisierten Tauchern durchgeführt.

Wakame ist die zweithäufigste essbare Alge und kommt fast nur aus Aquakulturen in den Meeren von Japan, Korea und China, in denen der Jahresertrag an frischen Wakame-Algen 500 000 Tonnen beträgt.

Galicien gilt als die einzige Gegend in Europa, in der es eine ständig wachsende Produktion der wilden Wakame-Algen gibt.

Das Vorhandensein der Wakame-Alge an der galicischen Küste wurde zum ersten Mal 1988 festgestellt, obwohl sie davor schon in Frankreich identifiziert wurde, wo sie ebenfalls zufällig durch japanische Austernsamen eingeschleppt wurde.

Wegen des hohen Nahrungswerts dieser Algenart haben diese neuerlichen Entdeckungen ein großes Interesse bei den Forschern und den Betrieben, die sich mit Algen beschäftigen, ausgelöst. Außerdem würde das für Europa bedeuten, dass es sich mit „eigenen Wakame" versorgen kann.

In Frankreich (Ifremer, CEVA) sowie auch im Süden Galiciens (Universitäten von La Coruña und Santiago de Compostela und das Spanische Institut für Ozeanographie) wurden Studien und Versuche durchgeführt, um Wakame anzubauen – mit befriedigenden Ergebnissen (Nova Acta Cientifica Compostelana, 1996). (6)

Wie die Studien zeigten, war es wegen seiner speziellen ozeanographischen Charakteristika Galicien, wo sich Wakame in natürlicher Form am besten entwickelte und sich bevorzugt an die Bedingungen der Küste anpasste. Es ist heutzutage so, dass die galicische *Undaria* die wilde Wakame-Alge ist, die mehr Möglichkeiten bietet, eine bedeutende jährliche Ernte zu erzielen.

Was den kulinarischen Wert betrifft, gilt die Wakame wegen ihrer Struktur und des feinen Aromas als eine der Algenarten, die am besten dafür geeignet sind, sich an den Geschmack der Algen zu gewöhnen, und weil sie in der Küche sehr vielseitig ist. Wenn man sie 10 Minuten einweicht und mit Zitrone beträufelt, kann die Wakame-Alge **roh** im Salat gegessen werden. Die Wakame-Alge enthält sehr viel leicht verdauliches **Eiweiß** und hat den höchsten **Kalziumgehalt** der hier erwähnten Algen.

Wakame zeichnet sich besonders aus:

- **Weil sie elfmal mehr Kalzium enthält als Milch!**
  Wakame ist eine der Atlantikalgen, die viel **Kalzium** in sich birgt: 1 760 mg pro 100 g, laut einer Analyse der Universidad Complutense in Madrid (27). Durch ein hohes **Kalzium-Phosphor**-Verhältnis ist sie für Knochen, Nägel und Haar sehr nützlich. Der regelmäßige Verzehr der Wakame-Alge wirkt muskelentspannend und beugt so Krämpfen vor. Besonders zu empfehlen ist die Wakame-Alge für Kinder, im Jugendalter, während der Schwangerschaft und in den Wechseljahren und für Menschen, die keine Milchprodukte vertragen.

- **Eiweiß**
  Der Prozentsatz an Eiweiß der galicischen Wakame-Alge ist beachtlich. Analysen der Universität von Santiago de Compostela ergaben einen Durchschnittswert von 22,7 g Protein pro 100 g Trockenalge (siehe Abschnitt *Meereseiweiß* im 2. Kapitel).
  Wakame ist eine Alge, die das **Gleichgewicht zwischen wesentlichen Aminosäuren** herstellt, was den Proteinen einen hohen biologischen

Wert einräumt. Außerdem weisen diese Proteine eine außergewöhnliche Bioverfügbarkeit von 85 % bis 90 % auf.

- **Weg mit dem Fett!**
  Alle Algen, und besonders Wakame, sind **ausgezeichnete Jodquellen**. Jod ist ein Spurenelement (siehe Abschnitt *Spurenelemente* im 2. Kapitel), das wesentlich für die Funktion der Schilddrüse ist und verantwortlich für die Regulierung der Geschwindigkeit des Stoffwechsels, die Wakame-Alge beeinflusst sozusagen die Funktion des gesamten Organismus. Bei Fettleibigkeit und hohem Cholesterinspiegel wirkt Jod schilddrüsenaktivierend, es verhindert, dass sich Fett in den Zellen anhäuft, und hilft, das schon angelagerte Fett aufzulösen.

Vorbeugen und Behandeln mit Wakame

Stärkt das Haar und die Nägel. Beugt Knochenerkrankungen, wie der Osteoporose, vor und lindert sie. Versorgt Frauen über 30 Jahren mit Calcium, wenn der Abbau des Knochenmarks üblicherweise beginnt. Außerdem hilft Wakame Kindern, älteren Menschen und schwangeren Frauen und ist eine gute Unterstützung für diejenigen, die wegen ihrer Tätigkeit eine Extraportion Calcium oder ein erhöhtes Maß an Mineralien benötigen.
Ihr Jod aktiviert den Stoffwechsel und baut überschüssiges Fett ab.
Man hat in der Wakame verschiedene Substanzen entdeckt, die in der Lage sind den Körper zu entgiften, indem sie Schwermetalle, radioaktive Substanzen und Nikotin abbauen und mutagene und kanzerogene Effekte anderer Produkte neutralisieren. Erinnern wir uns daran, dass ihre Polysaccharide hohe Dosen an Barium, Kadmium, und Zink neutralisieren (Seroussi, 1980). Was das Nikotin betrifft, hat man eine Substanz gefunden, die Raucher heilen kann (Watanabe, 1968). Hinzu kommen andere Substanzen, die ebenfalls in Wakame entdeckt wurden und antimutagene Eigenschaften haben (Ohigashi, 1992: Ohkawi Suzuki, 1993, Okai, 1993) und kanzerogene Substanzen, wie sie in Konserven enthalten sind, beseitigen (Kim, 1987, Ahn, 1993).

Dulse *(Palmaria palmata)*

Für den Atlantik typische Rotalge (*Rhodophyta*) von geringer Größe (bis zu 50 cm), die in den tiefsten, unruhigsten und kältesten Gewässern der galicischen Küsten zu finden ist, besonders im Norden. Der Name Dulse kommt von dem gälischen Wort **dils** (essbare Alge) und hat nichts mit dem spanischen Wort *dulce* (süß) zu tun (das einen lateinischen Ursprung hat).

Sie wächst oft an anderen Algen an, die wiederum an den Felsen wachsen. Dieses unter Algen verbreitete Phänomen nennt sich Epiphytismus und unterscheidet sich stark vom Parasitentum der Tiere, die auf Kosten anderer leben, da sich die Algen direkt vom Wasser ernähren und insofern in Bezug auf ihre Ernährung autonom sind (sie sind autotroph). Eine solche Alge „hält sich" lediglich an der anderen „fest", so dass sie dieser gewöhnlich nicht schadet.

Von der Form her ähnlich aufgeteilt wie die Handfläche (daher der lateinische Name „*palmata*"), ist die Dulse ein schönes Meeresgemüse, rötlich in der Farbe und von feiner Textur.

Wenn sie von zarten Pflanzen abstammt, ist die trockene Dulse weich und samtig.

Es ist die erste Art in Europa, bei der man über historische Überlieferungen ihrer Verwendung als Lebensmittel für den Menschen verfügt, und man weiß, dass die Dulse in den Küstenorten Schottlands, Norwegens, der Bretagne und Irlands traditionell verwendet wurde. Man sagt, sie sei ein Imbiss für die keltischen Krieger gewesen und mindestens seit dem 6. Jahrhundert von den Mönchen St. Columbas als Nahrungsmittel für die Armen geerntet worden.

Derzeit nutzt man sie in Nordeuropa: frisch, als Gemüseersatz, und trocken, als Appetitanreger und Gewürz für verschiedene Gerichte.

Zweifelsohne ist sie zusammen mit der Wakame die Alge unter allen hier beschriebenen, die man am ehesten **roh** essen kann, auch ohne sie vorher einzuweichen, wodurch wir ihren Vitamingehalt voll ausnutzen können, besonders die Vitamine C und A.

Etwa 30 % ihres Gewichts sind Mineralsalze und ihre Proteine werden als hochwertig eingestuft.

Besonders reich an:

- **Mineralien**
Der durchschnittliche Anteil an Mineralien in Dulse ist herausragend, besonders an **Eisen, Kalium** und **Jod**. Sie ist nach der Meeresspaghetti die **eisenreichste** Alge und verfügt unabhängig von der Zubereitungsart über einen hohen Gehalt an Vitamin C, der außerdem die Absorption desselben erleichtert.

- **Vitamine**
Die rote Farbe der Dulse ist zurückzuführen auf bestimmte Pigmente, wie dem Phycoerythrin, welche die Farbe des Chlorophylls verdecken, den Algen ihre charakteristische rote Farbe verleihen und Carotinoide sind, Vorläufer des **Vitamin A**. Die Dulse ist nach der Nori am zweitreichsten an Provitamin A.
Sie ist gleichfalls sehr gehaltvoll an **Vitamin C** und die entsprechenden Durchschnittswerte liegen sehr hoch: 34,5 mg pro 100 g. Die Dulse bewahrte in früheren Zeiten viele Seemänner vor Skorbut, wenn sie auf ihren langen Schiffsreisen nicht über frisches Gemüse verfügten. Deren Angewohnheit, die Dulse trocken und roh zu kauen, versorgte sie mit dem benötigten Vitamin C.

- **Proteine**
Nach der Nori, Wakame und dem Irischen Moos weist die Dulse einen der höchsten Anteile (18 %) an Proteinen unter den essbaren Atlantikalgen auf.

Vorbeugen und Behandeln mit Dulse

Sie ist ideal zur Kräftigung bei Blutarmut, Kraftlosigkeit (Schwäche) und bei postoperativen Behandlungen. Stärkt die Sehkraft. Sie ist empfehlenswert bei Magen- und Darmbeschwerden und zur Regeneration der Schleimhäute (der Atemwege, des Verdauungstraktes und der Geschlechtsorgane). Als Infusion nutzt man sie bei Fieber, um die Transpiration zu fördern. Wie die anderen Rotalgen wirkt sie stark wurmabtreibend und als Antiseptikum gegen Parasiten, indem sie die Darmflora heilt.

! Wussten Sie, dass ...

... man die Dulse in irischen Pubs als Appetitanreger zum dunklen Bier serviert?

Meeresspaghetti *(Himanthalia elongata)*

Wegen ihrer länglichen und dünnen Form wird diese üppige Braunalge handelsüblich Meeresspaghetti genannt. Sie kommt in tiefen, felsigen und bewegten Küstengewässern vor. Meeresspaghetti entwickeln sich ausgehend von einem großen, runden und hohlen Knopf, der sich an den Felsen anhaftet. Aus der Mitte dieses Knopfes wächst – wie aus einem Nabel – ihr Fortpflanzungsorgan bis zu 3 Meter lang. Die Meeresspaghetti-Alge wird bei Niedrigwasserstand geerntet.

Meeresspaghetti sind in den asiatischen Ländern unbekannt und werden in Europa immer mehr geschätzt, sowohl in der „natürlichen Küche" als auch in spezialisierten Bäckereien und Restaurants. Seit einigen Jahren werden aus Meeresspaghetti köstliche Pasteten, Pizzen, vegetarische Wurstsorten, Nudeln, Brotaufstriche, Brot, Gewürze, Saucen, Konserven und sogar frittierte Snacks („Algencalamari", denn ihr Geschmack erinnert an Tintenfische) hergestellt. Sie werden sogar gesäuert wie Sauerkraut. Meeresspaghetti haben die gleiche Garzeit wie Reis und passen bestens dazu.

Ihre Vielseitigkeit als Nahrungsmittel und ihre Anpassungsfähigkeit sind außerordentlich.

Meeresspaghetti sind zweifellos die atlantische Algenart, die wegen ihres charakteristischen Geschmacks gastronomisch den größten Erfolg hat. Gleichzeitig sind sie wegen ihres hohen Ertrags beim Ernten und Trocknen eine der günstigsten Algensorten.

Wegen ihres hohen Nährwerts, ihres fleischigen Gewebes und milden Geschmacks gelten Meeresspaghetti als Delikatesse des Atlantischen Ozeans.

Meeresspaghetti zeichnen sich aus:

- **Durch ihren Gehalt an Eisen und Vitamin C**
  Meeresspaghetti sind die Algen, die am reichlisten Eisen enthalten: 59 mg pro 100 g (**neunmal mehr als Linsen**), was in der Pflanzen- und

Tierwelt außerordentlich ist und den Eisengehalt jeder Sorte Fleisch, Fisch und Bierhefe übertrifft. Um diesen Eisengehalt besser auszunutzen, produziert die Meeresspaghetti auch Vitamin C, das die Eisenaufnahme fördert. Das führt zu einer glücklichen und gesunden Übereinstimmung: Die Atlantikalge, die am meisten **Eisen** enthält, ist ausgerechnet auch die, die über am meisten **Vitamin C** verfügt (im Unterschied zu den japanischen Algen, Iziki und Arame zum Beispiel, die kein Vitamin C enthalten).

- **Als von Natur aus harntreibend**
Meeresspaghetti sind nach Dulse die Algen, die am reichlichsten **Kalium** enthalten, und zeichnen sich – zusammen mit der Nori- und der Kombu-Alge – durch ein Natrium-Kalium-Verhältnis aus, das als ideal für die Gesundheit betrachtet wird: doppelt so viel Kalium wie Natrium (siehe Tabelle des Verhältnisses Natrium-Kalium im Absatz *Mineralstoffe*, 2. Kapitel).
Ein Defizit an Kalium kann, unter anderem, lymphatische Beschwerden und Flüssigkeitsmangel verursachen. Meeresspaghetti wirken also von Natur aus harntreibend, indem sie das gute Verhältnis zwischen Natrium und Kalium fördern.

- **Als „intellektuelle" Algen**
Meeresspaghetti sind die Algen, die am meisten **Phosphor** enthalten, sehr dicht von der Nori- und der Wakame-Alge gefolgt. Phosphor ist nach Kalzium der zweithäufigste Mineralstoff in unserem Körper, und beide bilden mineralische Bausteine der Knochen.
Ein Übermaß an Phosphor kann Osteoporose verursachen, wenn das Verhältnis zwischen Kalzium und Phosphor aus dem Gleichgewicht gerät (siehe Absatz *Mineralstoffe*). Dagegen enthalten Meeresspaghetti drei Teile Kalzium pro Teil Phosphor.
Phosphor fördert die Gehirnfunktionen, indem es das Gedächtnis, die Konzentration und die geistige Gewandtheit begünstigt.

Vorbeugen und Behandeln mit Meeresspaghetti

Die Meeresspaghetti-Algen wirken mineralstoffbildend und sind geeignet, um Wintererkältungen zu bekämpfen, bei Entschlackungs- und Schlankheitskuren, gegen Eisenmangel-Blutarmut, Müdigkeit, starke Menstruation, Haarausfall, schwache Nägel, Beschwerden des lymphatischen- und Kreislaufsystems, und um den Blutdruck und den Cholesterinspiegel zu regulieren.

Kombu *(Laminaria ochroleuca und saccharina)*

Die *Laminaria ochroleuca* ist eine große (bis zu 2,5 m lange) Braunalge (*Phaeophyta*), die in einer durchschnittlichen Tiefe von 12 Metern in felsigen Gebieten mit starker Brandung am offenem Meer bis zu 10 Jahren leben kann. Deshalb ist die Ernte der Kombu-Alge mühsam und nass, sogar bei Niedrigwasser.

Der Name, unter dem sie an der Südküste Galiciens bekannt ist, *folla di maio* (Maiblatt), weist auf die beste Zeit der Ernte hin.

Die Gattung saccharina, ebenfalls eine Tiefwasseralge, bevorzugt ruhigere Gewässer und ist selten, obwohl ihr Geschmack und Gewebe köstlich sind. Diese Laminariasorte wird Königskombu genannt und ihre Zusammensetzung ähnelt jener der *Laminaria ochroleuca* (Untersuchungen der galicischen Landesregierung, 1993).

Die Kombu ist die in der Welt am meisten verzehrte Alge: mit circa 600 000 Tonnen trockener Kombu pro Jahr. Und trotzdem entspricht diese Menge nur 0,04 % der Kombu-Biomasse, die es an den Küstengewässern der Ozeane gibt. Sie hat eine fleischige Konsistenz, und in der Küche wird sie zu Hülsenfrüchten oder Getreide hinzugegeben, um den Geschmack zu verstärken, Blähungen zu vermeiden und die Verdauung durch die Glutaminsäure, die sie enthält, zu fördern.

Die atlantische Kombu-Alge (*Laminaria ochroleuca*) ist etwas fester als die japanische Kombu. Um sie schneller zu garen, ist es empfehlenswert, sie 5 Minuten im Ofen bei 200 Grad zu backen, ohne sie vorher eingeweicht zu haben, oder zuerst in der Pfanne zu rösten. Man kann sie auch im Schnellkochtopf 30 Minuten kochen. Wenn sie gemahlen wird, ist sie auch schneller gar.

Kombu wird bei der Herstellung von Seitan (Protein aus Weizen), von Brot und vegetarischen Frikadellen (gemahlen, als Grieß oder Mehl) benutzt. Die schmackhafte Brühe, in der man Kombu gekocht hat, bildet die Grundlage für viele traditionelle japanische Gerichte (*dashi*), und in dieser Brühe kann man Getreide, Nudeln usw. kochen.

Kombu zeichnet sich besonders aus:

- **Durch ihren Gehalt an Mineralstoffen: Magnesium, Kalzium und Jod**
  Die Kombu-Alge ist reich an Mineralstoffen. Sie ist eine der Algenarten, die mehr Magnesium beinhaltet (1 120 mg pro 100 g) und verfügt dazu über einen ausgezeichneten Gehalt an Kalzium: 1 970 mg pro 100 g, laut den letzten Analysen der Complutense Universität in Madrid. Kalzium und Magnesium regulieren zusammen viele Körperfunktionen, zum Beispiel die des Nervensystems und der Muskulatur.
  Laminaria werden als Jodquelle von der Jodgewinnungsindustrie verwendet, und Jod spielt eine grundlegende Rolle bei der Funktion der Schilddrüse.

- **Weg mit den schwerwiegenden Schäden!**
  Es wurde bewiesen, dass die Alginsäure der Kombu-Alge eine schützende Wirkung vor Umweltverschmutzung (vor allem vor radioaktivem Strontium 90 und Schwermetallen) entfaltet und sogar die Fähigkeit besitzt, sie aus dem Körper zu absorbieren. Der tägliche Verzehr von Kombu vermindert die Auswirkungen der Umweltverschmutzung und verwandelt die Alge in ein Arzneimittel unserer Zeit.

Vorbeugen und Behandeln mit Kombu

Die Laminaria haben, unter anderem, entzündungshemmende Eigenschaften, wirken gegen Rheuma und regulieren das Körpergewicht und den Blutdruck (durch ihren Gehalt an Lamininen und Laminaranen).

Kombu stärkt Haut und Haar.

Sie beugt wegen ihrer Verflüssigungswirkung in der Blutbahn Arteriosklerose, Infarkt und Gefäßbeschwerden vor. Gemahlen und mit Honig gemischt wurde die Kombu-Alge in der chinesischen Medizin gegen Asthma und Husten benutzt.

Sie hat mit der Wakame-Alge antimutagene Eigenschaften gemeinsam. Kombu enthält spezifische natürliche Zuckersorten, wie Fucose und Manitol, die sie bei Diabetes (Zuckerkrankheit) geeignet machen, da sie den Zuckerspiegel des Blutes nicht erhöhen.

Nori *(Porphyra umbilicalis)*

Nori ist eine Rotalge (Rhodophyta) mit einer dunkelvioletten Färbung und von kleiner Größe: zwischen 15 und 30 cm Durchmesser. Sie weist die Form einer sehr feinen Lamelle auf, die in der Mitte eine Scheibe in Bauchnabelform hat, um sich an den Felsen anzusaugen (daher kommt ihr Name *umbilicalis*).

Die unterschiedlichen Gattungen der **Nori-Alge** leben in der Gezeitenzone (die während des Niedrigwasserstandes oder der Ebbe freigelegt wird), auf Felsen mit starker Brandung. Wenn sie reichlich vorhanden sind, bilden sie eine breite, dunkle und glänzende Haut über den großen Granitsteinen.

Die Nori-Alge verteilt sich unregelmäßig, unbeständig und willkürlich an der ganzen galicischen Küste. Wegen dieser Streuung und ihrer niedrigen Leistung pro Kilo ist die Ernte der Nori mühsam.

Außerdem bleibt oft Sand des Grundes zwischen ihren Falten haften, weil sie in Gebieten mit starker Brandung wächst und sie sehr geschmeidig ist, so dass man sie nach der Ernte sorgfältig im Meerwasser waschen muss. Das japanische Wort „**Nori**" bedeutet ursprünglich Alge. Mit der Zeit wurde durch dieses allgemeine Wort ein intensiv verarbeitetes Produkt aus *Porphyra*-Alge so bezeichnet, das aus rechteckigen Blättern besteht, die aus der gepressten Alge hergestellt werden und die Hülle der bekannten *Sushi* (Röllchen aus Reis und Fisch) bilden. Das ist das „Noriblatt", das aus Japan kommt.

Nori ist zusammen mit Kombu und Wakame eine der drei meistverzehrten Algen der Welt und auch die teuerste. Merkwürdigerweise ist die Nori-Alge in Japan eines der bevorzugten Silvestergeschenke und die Nummer 1 in der Hälfte der großen Supermärkte in Tokio. (4)

Die **Atlantik-Nori** wurde traditionell in den nördlichen, keltischen Ländern verzehrt. In Wales und Irland ist sie heute noch ein typisches Gericht, *laverbread* genannt, das mit großer Sorgfalt zubereitet wird. Die Bergmänner aus Wales sind große Nori-Esser, mit 200 Tonnen trockenen Nori-Algen pro Jahr.

Im Unterschied zur japanischen Nori ist die atlantische Art bis jetzt eine **Wildalge**. In Japan wird sie seit dem 15. Jahrhundert angebaut, und praktisch die gesamte Produktion der japanischen Nori stammt aus Meereskulturen.

Als wilde, unbehandelte Pflanze kann die Atlantik-Nori fester sein als die japanische, und es ist empfehlenswert, sie kurz zu rösten, bevor man sie einweicht oder auf einem Teller zerkleinert.

Wegen ihres hohen Gehaltes an Mineralstoffen, ihres intensiven Geschmacks, ihres charakteristischen Aromas und ihrer feinen Faserung ist die Nori eine der Algen, die als Lebensmittel von größerem Interesse ist.

Nori zeichnet sich besonders aus durch ihren Gehalt an:

- **Eiweiß**
  Alle analysierten Gattungen der Art *Porphyra* haben den gemeinsamen Nenner des hohen Eiweiß- (29 %) und Aminosäuregehalts (siehe Absatz über Eiweiß, 2. Kapitel). Wenn wir außerdem ihre leichte Verdaulichkeit berücksichtigen (75 %), wird Nori ein Sinnbild für Eiweiß und repräsentativ dafür.

- **Vitamin A und B12**
  Die Nori-Alge ist äußerst reich an Provitamin A (siehe Absatz über Vitamine), mit erstaunlichen Werten, die den Gehalt jeder Gemüsesorte, von Fisch und Meeresfrüchten übertreffen: dreimal so viel wie Möhren zum Beispiel.
  Der Anteil an Vitamin B12 der Nori ist viel höher als in jeder anderen analysierten Altantikalge: 29 Mikrogramm pro 100 g.

- **Ungesättigten Fettsäuren**
  Die Nori-Alge enthält einen geringen Prozentsatz an Fett, der einen hohen Nährwert besitzt. Mehr als 60 % des Fettgehalts der Nori bestehen aus mehrfach ungesättigten Fetten, Omega-3 und Omega-6. Genauer:

Die Eicosapentaensäure macht 50 % der gesamten Fette aus und die Linol-, Linolen- und Arachidonsäure 10 %.

Vorbeugen und Behandeln mit Nori

Vorbeugen und Behandeln der Blutarmut. Nori ist die am besten geeignete Alge für die Augen, besonders bei schlechtem nächtlichem Sehvermögen. Sie nährt und schützt die Haut und Schleimhäute.

In Zeiträumen, in denen man mehr hochwertiges Eiweiß braucht: Schwangerschaft, Wachstums- und Jugendalter und für Sportler.

Um Infektionen zu bekämpfen, die durch Bakterien, verursacht sind.

Hervorragendes Nahrungsmittel, um die Cholesterinwerte zu senken und Arteriosklerose vorzubeugen, sowohl wegen ihres Gehalts an ungesättigten Fettsäuren, wie auch an der Aminosäure Taurin. Der Verzehr von kleinen Mengen der Nori-Alge erleichtert die Verdauung und bewirkt eine Reduktion des angehäuften Fetts. Für jedes Alter bietet die Nori-Alge reichlich Mineralien, um einem Mangel vorzubeugen.

Agar-Agar: „reine Gelatine"

Agar-Agar ist keine eigene Alge, sondern ein Extrakt aus verschiedenen Algenarten, hauptsächlich der *Gelidium sesquipedale*.

Am internationalen Markt gibt es verschiedene Sorten Agar-Agar, die sich bezüglich der Algen, aus denen sie gewonnen werden, unterscheiden. Meistens wird Agar-Agar aus einer Mischung verschiedener Gattungen hergestellt, die *Agarophyta* genannt werden. Eine der meistgebrauchten Agarophyten ist, außer *Gelidium, Gracilaria*, die schneller wächst, einfacher zu sammeln und günstiger im Preis ist.

Im Norden und Nordwesten der Iberischen Halbinsel wächst die Alge *Gelidium sesquipedale*. Sie gehört zur Gruppe der Rotalgen (*Rhodophyta*) und lebt in felsigen, tiefen und schwer zugänglichen Gebieten mit starker Brandung, weshalb sie hauptsächlich durch spezialisierte Taucher geerntet wird.

Das Agar, das aus *Gelidium sesquipedale* hergestellt wird, ist **das meistgefragteste der Welt**, und Spanien ist sein Haupthersteller (Macroalgas Marinas y sus Aplicaciones, Universidad de La Coruña, 1998). (2)

Als **pflanzliches und maritimes Geliermittel** hat Agar eine zehnmal stärkere Gelierkraft als tierische Gelatine und ist gleichzeitig frei von giftigen Rückständen des Knorpels der Säugetiere.

Der Name Agar-Agar geht auf das malaiische Wort „agar" zurück und bedeutet „gelierendes Lebensmittel aus Algen". So wie es bei Altkulturen gebräuchlich ist, wird ein Wort wiederholt, um ihm einen besonderen Nachdruck zu verleihen: Agar-Agar heißt also wörtlich „Algengelatine-Algengelatine" oder „reine Algengelatine".

Die ersten historischen Berichte, in denen die kulinarische Anwendung des Agar-Agars beschrieben wird, gehen in China auf das 3. Jahrhundert und in Japan auf das 2. Jahrhundert zurück. In Indonesien und Malaysia wurde Agar von alters her als Konservierungsmittel für Fleisch, Fisch und Meeresfrüchte genutzt.

Heute wird Agar-Agar weltweit in der Lebensmittelindustrie in industriellem Umfang als Konservierungsstoff, Verdickungs- und Geliermittel gebraucht, bezeichnet als Zusatzstoff E-406. Agar hat die besondere Eigenschaft, den Kaloriengehalt vieler Lebensmittel zu senken.

In heißem Zustand ist Agar-Agar eine klebrige Substanz, die wie Gelee aussieht: Bei 38 Grad Celsius erstarrt Agar und ab 80 Grad Celsius wird es flüssig. Vom Standpunkt der Biochemie ist Agar-Agar eine schleimige Substanz, die aus Kohlenhydraten (sogenannten Heteropolysacchariden) zusammengesetzt ist, dem Pektin ähnlicher als Getreide- oder Gemüsezucker, weil, im Gegensatz zu jenen, der Zucker, den Agar enthält, eher eine regulierende als eine energetische Funktion erfüllt.

Agar-Agar ist ein Algennebenprodukt, das als Geliermittel sehr häufig verwendet wird.

In chinesischen Restaurants haben wir alle bestimmt schon einmal Agar im Salat gesehen, als durchscheinende Fäden, eines der bekanntesten Produkte, das viele Menschen täuscht, da sie glauben, dass es Algenblätter oder -teile sind.

Außerdem hat jeder bestimmt oft Agar-Agar verzehrt, ohne es zu wissen, in Eiscreme, Suppen, Pasteten, Puddings, Marmeladen, Konfitüren, Gelees, Roter Grütze, Baisers, Torten, Kuchen, Brotaufstrichen, Majonäse, Saucen, Wein, Bier, in Fleisch- und Hülsenfrüchtekonserven usw., wo es verwendet wird, um den Geschmack zu verbessern oder tierische Fette zu ersetzen; in Fertigprodukten für Diabetiker, als Stärkeersatz oder statt Fett in kalorienarmen Wurstsorten. Da Agar geruchlos und geschmacksneutral ist, lässt es sich sowohl in süßen wie auch in pikanten Speisen verarbeiten.

Agar kann man auch in Zahnpasta, Kosmetika, bestimmten Farben und Firnis finden und es wird in der Stoffdruckerei eingesetzt, um die Faserung zu verbessern und Glanz und Elastizität zu gewährleisten.

Nicht zuletzt wird atlantisches Agar wegen seiner Reinheit auch in der Mikrobiologie und als Extrakt in der Pharmazie angewendet.

Agar-Agar ist in verschiedenen Formen erhältlich: in Bändern oder dicken Fäden, als vierkantige Stäbchen, als Flocken oder in Pulverform.

Eigentlich ist das Aussehen von der Herstellungsform abhängig. Wir sollten diejenige aussuchen, die unseren Bedürfnissen am besten entspricht. Für

Salate ist die Fadenform ansehnlicher. Als Gelier- oder Verdickungsmittel sind Flocken oder Agarpulver einfacher abzumessen.

Agar-Agar zeichnet sich besonders aus:

* **Als reine, sättigende Ballaststoffe**
  Agar enthält reine, lösliche Ballaststoffe, welche die Verdauung regulieren und fördern und dadurch den täglichen Stuhlgang begünstigen, ohne die Darmflora zu schädigen. Agar ist sehr geeignet bei Schlankheitskuren, um die Unruhezustände zu erleichtern, das Hungergefühl zu stillen, die Fettaufnahme zu beschränken, und als mildes Abführmittel ohne Nebenwirkungen.

* **Weil es ohne Zufuhr von Kalorien nährt**
  Agar ist die „Alge", die den niedrigsten Kalorienwert hat. Es enthält eine Fülle von Vitaminen (A, B1, B2, C und D), Kalzium, Phosphor, Magnesium und einige Spurenelemente (Jod, Kiesel, Chlor, Zink, Brom und Selen). Der Verzehr von Agar ist empfehlenswert, um die Schwächezustände zu bekämpfen, die manchmal bei kalorienarmen Schlankheitsdiäten auftreten.

Vorbeugen und Behandeln mit Agar-Agar

Agar-Agar wirkt kräftigend auf die Verdauungs- und Darmdrüsen, fördert den Abtransport des Cholesterinüberschusses und reduziert die Aufnahme der Fette, die wir essen. Agar hilft Rückstände aus Magen und Darm zu entfernen: Schwermetalle, Pestizide und radioaktive Substanzen, indem es sie unlöslich macht und durch den Darm aus dem Körper transportiert. Ihre Schleime können Verstopfungen auflösen und gleichzeitig die geschädigten Darmwände geschmeidig machen und regenerieren.
In der Tat wird die Gelidium Alge, aus der Agar stammt, in der Volksmedizin angewendet, um Geschwüre und Magenbeschwerden zu behandeln.

Stufen der Gewinnung des atlantischen Agars

I. Stufe Rohstoff	II. Stufe Gewinnung	III. Stufe Reinigung	IV. Stufe Herstellung von Agarpulver
Gelidium-Alge	Spülung / Druck-auskochen	Filtern / Gefrieren / Auftauen	Trocknen / Mahlen

Quelle: Algas en Galicia. Alimentación y otros usos (Xunta de Galicia) (1)

Irisches Moos *(Chondrus crispus)*

Irisches Moos wächst in der Gezeitenzone, gehört zu den **Rotalgen** *(Rhodophyta)* und hat eine geringe Größe. Das Irische Moos wird auch **Karrageen** genannt. Beide Namen verweisen auf die Region Carraghen, im Süden Irlands, wo es reichlich gedeiht und seit Jahrhunderten in Gebrauch ist. Unter anderem, um einen typischen **Milchpudding** und einen **Hustensirup** herzustellen.

Auch an der Küste der Bretagne wird Irisches Moos in Milch gekocht, gesüßt und aromatisiert, um einen Nachtisch namens *pioca* zuzubereiten. In Galicien, wo Irisches Moos an der Südküste an offenen, vor der Brandung ungeschützten Gebieten wächst, wird es *carrapicho* genannt.

Irisches Moos ist reich an Carragenin (Zusatzstoff E-407), einem **Stabilisator, Gelier-, Schmier-** und **Verdickungsmittel**, das die **Darmschleimhaut** schützt, den Darmgang reguliert und sowohl bei **Verstopfung** als auch bei **Durchfall** hilft. Irisches Moos ist in der Lage, Röntgenstrahlen und andere **radioaktive Elemente** aus dem Körper aufzunehmen. (15) Irisches Moos wurde traditionell als **schleimlösendes Mittel**, als **Tonikum bei Atem- und bei Harnwegsstörungen** angewendet. Man kann seinen Gelierstoff durch einstündiges Kochen bei niedriger Hitze gewinnen. Der so entstandene Sirup wirkt gegen **Bronchitis, Erkältung** und **Grippe**, besonders dann, wenn man nach dem Kochen Zitronensaft hinzufügt.

Es ist reich an **Eiweiß** (20 %) und **Vitamin A** (die durch Hitze nicht verloren gehen), **ungesättigten Fettsäuren** und Mineralstoffen, vor allem **Kalzium** (zehnmal so viel wie Milch). Irisches Moos ist nach Wakame die an Kalzium zweitreichste Alge. Seine Wirkung **bei hohem Blutdruck** ist auf seinen Gehalt an Carragenat zurückzuführen.

Fucus *(Fucus vesiculosus, Fucus spiralis)*

Fucus ist eine Braunalge *(Phaeophyta)* von geringer Größe (zwischen 30 und 60 cm). Sie bleibt an geschützten Küsten immer grün und zeigt am Ende der Blätter schleimige Blasen, die der Fortpflanzungsphase dienen. Dieser Zellstoffschleim ist ein **leichtes Abführmittel** und wird hauptsächlich genutzt, um **Cholesterin** aufzulösen und **Cellulite** zu behandeln (wegen seines Gehalts an Sterole und Ballaststoffen und ihrer aktivierenden Wirkung auf die **Schilddrüse**). Eigenschaften, welche die Fucus-Alge mit den anderen Algen teilt.

Fucus ist wahrscheinlich die bekannteste Atlantikalge und die meistangewandte für medizinische Zwecke, sowohl in der Kräuterapotheke als auch in der Pharmazie.

Es gibt keine Hinweise auf ihre Nutzung als Lebensmittel, wohl aber die Erfahrung, Fucus frisch geerntet in Salat oder Omelett gegessen zu haben, besonders die saftigen Bläschen der Blattenden.

Fucus wird, allein oder mit Kräutern gemischt, als **Schlankheitstee** vor den Mahlzeiten getrunken. Wegen ihrer **entzündungshemmenden und cellulitebekämpfenden Wirkung** ist ihr äußerlicher Gebrauch in Salben und Umschlägen zu empfehlen.

Andere, als Nahrungsmittel interessante Atlantikalgen

Außer den bis jetzt beschriebenen Algen gibt es andere Arten, die als Nahrungsmittel gute Akzeptanz finden, wie auch schon in einigen Ländern üblich, besonders **Dilsea carnosa** und **Gracilaria verrucosa**. Beide kommen an der Atlantikküste vor.

Dilsea carnosa. Ihr Name ist eine Zusammenstellung aus dem gälischen *dils* (essbare Alge) und dem lateinischen *carnosa* (saftig). Als kleine Erscheinung (circa 40 cm) wächst Dilsea in tiefen Gewässern, zeigt eine schöne rötliche Farbe, ähnlich der Dulse, und ist etwas intensiver im Geschmack. Sie gehört zu den Rotalgen (*Rhodophyta*) und wird von spezialisierten Tauchern geerntet.
Die Dilsea-Alge hat eine faserige und lederartige Konsistenz, und interessanterweise enthält sie Carnitinsäure, genauso wie Fleisch.

Gracilaria verrucosa. Sie gehört zu den Rotalgen (*Rhodophyta*), hat eine purpurne Farbe, ist fein und länglich, mit Warzen an der Oberfläche (daher ihr Name *verrucosa*, aus dem Lateinischen „voller Warzen"). Gracilaria wird bis zu 60 cm lang und bevorzugt sandige und nicht zu tiefe Böden. Das Hauptinteresse an dieser Alge galt bis jetzt der Gewinnung von Agar-Agar, obwohl dieses nicht so geschätzt ist wie jenes, das aus der Gelidium-Alge gewonnen wird. Es handelt sich also um eine *Agarophyta* (agarhaltige Alge). Außerdem ist die Gracilaria-Alge wegen ihres Gehalts an Eiweiß (20 %) und Mineralstoffen ein wertvolles Nahrungsmittel.

2. KAPITEL

Ein Schatz an Nahrung. Nährwerte

Allgemeine Einführung:
Was für einen Beitrag stellen Atlantikalgen dar?

Unsere Gesellschaft lebt in einem trügerischen Lebensmittelüberfluss, mit einem großen Angebot an veränderten (denaturierten), raffinierten und in Büchsen abgefüllten Produkten. Obst und Gemüse sind geschmacklos. *Fastfood* umwirbt uns, und mit dem Ausdruck *Junk-Food* (aus dem Englischen *Junk*, Dreck) bezeichnen wir die degenerierteste Speisekategorie.

Wir haben uns von den natürlichen Nahrungsquellen entfernt und sind von kalorien- und fettreichen Produkten umgeben, oder von solchen, die arm an wesentlichen Nährstoffen oder unausgewogen sind. Die Folgen dieses Mangels an essenziellen Nährstoffen sind zahlreich und ein Grund zur Sorge für die verantwortlichen Hüter der Gesundheit.

Welche Rolle spielen die Algen in dieser Sache?

Algen spielen eine genau entgegengesetzte Rolle: Sie sind **wildwachsende** Lebensmittel, die ohne menschliches Zutun gedeihen, die **hohe Nährwerte und wenig Kalorien** aufweisen. Sie sind fettarm und die Kohlenhydrate, die sie enthalten, wirken, wie wir sehen werden, meist als Ballaststoffe ohne Kalorienzufuhr.

Algen sind wegen ihrer reichen Nahrungsfülle bestens geeignet, um den heutigen **Nahrungsmangel zu korrigieren**, gewachsen mittels der großartigen Wirksamkeit zweier mächtiger und universaler Energiequellen: der **Sonne** und dem **Meer**.

Die Gleichartigkeit und der beständige Reichtum der Algen an Meereselementen und das klare Verhältnis in Bezug zu unseren Bedürfnissen macht aus diesen Meerespflanzen Lieferanten **beständiger**, wesentlicher Substanzen. Dabei weisen sie keine der Gehaltsschwankungen des Gemüses, das auf der Erde wächst, auf. Diese entstehen aufgrund der unterschiedlichen Zusammensetzung des Bodens, wegen des Düngers und der verschiedenen Anbauverfahren.

Algen **fixieren alle Elemente des Ozeans und liefern sie uns** „*in*

*Verhältnissen, die nahe an diejenigen grenzen, die wir als **ideal für unsere Ernährung kennen***" (Claude Chassé, Universität von Brest).

In der analytischen Zusammensetzung der Algen finden wir den höchsten Gehalt an verschiedenen Substanzen, in viel höheren Mengen als bei Erdpflanzen:

- An **Mineralstoffen** entsprechen sie zehnmal dem Gehalt des Gemüses, wie zum Beispiel an **Eisen** in Meeresspaghetti, im Vergleich zu Linsen, oder an **Kalzium** in Wakame und Irischem Moos, im Vergleich zu Kuhmilch.
- Ihr **Eiweiß** enthält alle wesentlichen Aminosäuren, so dass sie als Vorbild für Proteine mit hohem biologischem Wert betrachtet werden, vergleichbar mit der Qualität des Eies.
- Algen enthalten **Vitamine** in wichtigen Mengen. Erwähnenswert ist vor allem Vitamin B12, das im Gemüse fehlt, was ein Grund zur Sorge für viele Vegetarier ist.
- Der gesamte **Ballaststoffgehalt** der Algen ist höher als im Salat und ähnlich hoch wie im Kohl, so dass Algen den Stuhlgang begünstigen.
- Der **niedrige Fettgehalt** und **Kalorienwert** macht die Algen geeignet für Schlankheitskuren. Außerdem können sie den Cholesterinspiegel senken und Cellulite bekämpfen.
- Schließlich werden Algen zur **Optimierung und Konservierung** eingesetzt, verleihen anderen Lebensmitteln und Produkten Gleichmäßigkeit und eine verbesserte Konsistenz. Wir verzehren sie täglich als Zutat in zahlreichen verarbeiteten Produkten.

Wie eine Studie des **Centro Superior de Investigaciones Científicas**, in welcher der Verzehr von Algen empfohlen wird, kurz zusammenfasst: **Algen haben einen hohen Nährwert. Sie sind Nahrungsmittel mit niedrigem Kalorien- und Fettgehalt und einer hohen Konzentration an Mineralstoffen, Vitaminen, Eiweiß und Ballaststoffen** (CSIC – Departamento de Metabolismo y Nutrición: Evaluación nutricional y efectos fisiológicos de macroalgas marinas comestibles, 1999). (7)

Und was sagen die Wissenschaftler?

Wie bereits im Abschnitt „Wer hat die galicischen Algen erforscht?" erwähnt, haben renommierte Wissenschaftler und spanische Universitäten Studien und Erkenntnisse über Algen von ALGAMAR veröffentlicht. Nachdem wir detailliert die wichtigsten Textstellen ihrer umfangreichen Werke zusammengetragen haben, seien nachfolgend in chronologischer Reihenfolge der Veröffentlichungen die darin enthaltenen Aussagen wiedergegeben:

- „Die **Qualität der Proteine** ist durchaus akzeptabel, vor allem wegen ihres **hohen Gehalts an essentiellen Aminosäuren**. Da der **Nährstoffgehalt hoch ist, stellen Makroalgen weltweit eine optimale Nahrungsquelle dar,** die bei weitem noch nicht ausgeschöpft ist." Oberster Rat für wissenschaftliche Forschung – 1999 (7)

- „Meeresalgen sind **hypokalorische Lebensmittel**. Die Mehrzahl ihrer **Polysaccharide** kann als Ballaststoffe betrachtet werden. Die **Ballaststoffe von Algen** enthalten bioaktive Substanzen, die eine **antioxidative Wirkung** haben und **freie Radikale** einfangen." Oberster Rat für wissenschaftliche Forschung – 1999 (7)

- „Die analysierten Makroalgen liefern eine **ausreichende Versorgung mit Kalzium und einen hohen Anteil an Kalzium / Phosphor,** was bedeutet, dass sie sich für eine Ernährung zur **Prävention und Kontrolle von Osteoporose** eignen. Die untersuchten Algen weisen durch die zweiwertigen Spurenelemente **Kalzium, Zink, Kupfer, Eisen und Mangan** eindeutig die Fähigkeit zur Biosorption auf, was sie **aus ernährungsphysiologischer Sicht hochinteressant** macht." Universität Complutense Madrid – 2001 (32)

- „Ihre Zusammensetzung und physiochemischen Eigenschaften machen spanische essbare Meeresalgen zu einer **guten Nährstoffquelle**

und zu neuen ballaststoffreichen Produkten." Oberster Rat für wissenschaftliche Forschung – 2001 (14)

- „Der Mineralstoffgehalt ist in der Regel hoch und **die für die menschliche Ernährung notwendigen essentiellen Mineralien und Spurenelemente sind in Algen vorhanden.**" Oberster Rat für wissenschaftliche Forschung – 2002 (36)

- „Die chemische Zusammensetzung zeigt, dass diese Algen einen hohen Gehalt an **Mineral- und Ballaststoffen** haben, einen nennenswerten **Proteingehalt** aufweisen, alle **essenziellen Aminosäuren** enthalten, einen niedrigen Gehalt an Gesamtlipiden und relativ hohe Werte an mehrfach **ungesättigten Omega-3- und Omega-6-Fettsäuren** aufzeigen, weshalb sie **über einen bedeutsamen Nährstoffgehalt verfügen und die erwarteten Eigenschaften eines gesunden Nahrungsmittels aufweisen.**" Universität von Santiago de Compostela – 2003 (33)

- „Im Einklang mit den geprüften Studien und den berichteten Auswirkungen zählen die **kardiovaskuläre und intestinale Gesundheit** zu den Hauptvorteilen des Algenkonsums. In den letzten Jahren ist das Interesse an Algen in westlichen Ländern **aufgrund ihres Nährwerts** gestiegen." Oberster Rat für wissenschaftliche Forschung und Universität Complutense Madrid – 2009 (42)

- „Da Meeresalgen verschiedene bioaktive Substanzen mit gesundheitsfördernden Eigenschaften aufweisen, eröffnet ihre Verwendung als funktionelle Inhaltsstoffe neue Möglichkeiten für die Nahrungsmittelproduktion. Speisealgen enthalten **hochwertige Proteine, hohe Vitaminkonzentrationen,** hohe Anteile an **ungesättigten essentiellen Fettsäuren,** mehrfach ungesättigte Fettsäuren und bioaktive Substanzen mit bekannten **antioxidativen Eigenschaften.** Sie stellen eine **ausgezeichnete Mineral- und Ballaststoffquelle** dar." Oberster Rat für wissenschaftliche Forschung – 2009 (40)

- „Speisealgen enthalten akzeptable Mengen an **Proteinen und die Zusammensetzung ihrer Aminosäuren ist aus ernährungswissenschaftlicher Sicht von Interesse.** Die Lipide von Algen enthalten einen hohen Anteil an essentiellen Fettsäuren, insbesondere die langkettigen **mehrfach ungesättigten** n-3-Fettsäuren. Algen stellen eine **erstklassige Mineralstoffquelle** dar. Darüber hinaus enthalten sie **bioaktive Substanzen** wie **Polyphenole, Carotinoide und Tocopherole.** Algen gelten als gute **Ballaststoffquelle.**" Oberster Rat für wissenschaftliche Forschung – 2009 (41)

- „Insgesamt hat diese Studie gezeigt, dass die **an den Küsten Galiciens geernteten spanischen essbaren Meeresalgen** aufgrund ihrer Bestandteile als **funktionelle Lebensmittelzutaten** ein beträchtliches Potential bieten: **Ballaststoffe, Mineralien und Spurenelemente, Proteine, Lipide** und eine **hohe antioxidative Wirkung.**" Oberster Rat für wissenschaftliche Forschung und Universität Complutense – 2010 (39)

- „Algen wurden als **ausgezeichnete Quelle für essentielle Spurenelemente** wie beispielsweise **Jod** anerkannt." Universität von Santiago de Compostela – 2012 (34)

Nährwerte

Eine Mineralstoffquelle

Algen sind eine Gemüseart mit einem außergewöhnlichen Gehalt an Mineralstoffen. Mineralien sind Substanzen, die wesentlich für das richtige Funktionieren unseres Organismus sind und an verschiedenen, wichtigen Funktionen beteiligt sind, wie der Reizweiterleitung in den Nerven, der Sauerstoffzufuhr im Blut, der Muskelkontraktion, der Zahn- und Knochenbildung oder der Regulierung der Herzschläge.

Das Raffinieren von Grundlebensmitteln wie Brot und Reis und die intensive Landwirtschaft, die den Boden erschöpft, sind zwei der Ursachen des Mangels und der Gleichgewichtsstörung unserer Nahrung. Dazu sind Fehler in der Behandlung der Lebensmittel zu rechnen, welche die Lage verschlimmern und eine Lösung für solch eine arme Ernährungsweise verlangen, um vielen Gesundheitsstörungen vorzubeugen, statt sie behandeln zu müssen. Ein fortschreitender Mangel an Mineralstoffen kann die Ursache für den Mangel an Lebenskraft, für Depression, chronische Müdigkeit, Blutarmut, Osteoporose und andere häufige Beschwerden im hektischen Tempo unserer Lebensart sein (*Stress* zehrt auch Mineralstoffe wie Kalzium, Magnesium, Eisen, Zink auf ...). Der Reichtum der Algen an Nährstoffen und vor allem an mineralischen Salzen macht die Alge zu einer sehr gesunden Pflanze für jeden und ist der allerwichtigste Grund dafür, sie in unsere tägliche Nahrung einzubeziehen. Algen sind zweifellos die beste Ergänzung an natürlichen und organischen Mineralstoffen, frei von Übermaß oder Ungleichgewicht, die wir täglich verzehren und mit der wir zur gleichen Zeit unsere Geschmackssinne verwöhnen können. Es ist ein echtes Privileg, dass uns in unserer Zeit dieser sichere und schützende Organismus zur Verfügung steht, so alt und doch so wertvoll.

Welche Mineralstoffe liefern die Algen? Absolut alle. Fangen wir bei den Makroelementen an, von denen der Körper mehr als 10 mg pro Tag benötigt: **Kalzium, Phosphor, Magnesium, Natrium, Kalium** und **Schwefel**.

Kalzium (Ca)

Kalzium ist möglicherweise der Mineralstoff, der in den „zivilisierten" Gesellschaften am meisten fehlt. Obwohl man gedrängt wird, Milchprodukte zu verzehren, um den Kalziumbedarf zu decken, gibt es begründete Zweifel daran, ob sie die beste Kalziumquelle darstellen, da sie Phosphate enthalten, welche die Kalziumaufnahme verhindern.

Der empfohlene Tagesbedarf an Kalzium liegt zwischen 800 und 1 300 mg, von welchen 90 % in den Knochen und Zähnen gespeichert werden, um sie zu härten und zu stabilisieren.

Aus diesen beiden Speichern wird im Bedarfsfall Kalzium geholt und ins Blut abgegeben. Lebensmittel, die Säuren, wie raffinierten Zucker und weißes Mehl, enthalten, brauchen für den Stoffwechsel Kalzium und nehmen es aus Knochen und Zähnen, was eine Ursache für Kalkentzug sein könnte (Zahnausfall, Osteoporose usw.).

Weitere Gegner des Kalziums sind die Salze der Oxalsäure, die in einigen Gemüsesorten enthalten sind (hauptsächlich Spinat) und in Kakao. Die sogenannten Oxalate „vernichten" Kalzium und können sogar Nierensteine verursachen.

Kalzium wird zur Regulation der Muskelkontraktionen gebraucht und sein Mangel kann Muskelkrämpfe verursachen. Kalzium reguliert zusammen mit Magnesium auch den Herzschlag.

Alle analysierten atlantischen Algenarten enthalten viel mehr Kalzium als Milchprodukte, mit einigen Anteilen an Phosphor und Magnesium, die ideal sind, um Kalzium zu absorbieren, und sie sind frei von Oxalaten.

Zusammengefasst, Wakame enthält 1 380 mg Kalzium, elfmal so viel wie Milch, weshalb sie eine ideale Alge für Kinder im Wachstumsalter ist, um Osteoporose vorzubeugen und zu behandeln und für Frauen in den Vor- und Nachwechseljahren.

Ein denkwürdiges Zusammenspiel: Die atlantische Wakame zeichnet sich durch ihre hohen Kalzium-Werte aus und wird gerade an den Küsten geerntet, an denen das Ackerland – und deswegen auch die Ernte – arm an Kalzium ist. Eine ausgezeichnete Ergänzung zwischen Land und Meer.

Kalzium in getrockneten atlantischen Algen und Milchprodukten (mg pro 100 g):

Wakame, 1380	Kuhmilch, 120
Kombu, 810	Joghurt, 120
Meeresspaghetti, 720	Frischkäse, 94

Phosphor (P)

Phosphor ist nach Kalzium der wichtigste Mineralstoff für die Gesundheit. Phosphor ist ein Bestandteil von Knochen und Zähnen und ist notwendig, um Gehirnfunktionen wie das Gedächtnis und die Konzentration zu fördern. Phosphor erzeugt Energie in den Zellen, ist im genetischen Baustoff der Zellen enthalten und an der Bildung von Fetten beteiligt, welche die Zellenmembran umgeben: die Phospholipide. Kalzium und Phosphor sind ein Mineralienpaar, das zugleich gegensätzlich und ergänzend ist. Die tägliche Einnahme von Kalzium sollte höher als die von Phosphor sein. Die Muttermilch zum Beispiel enthält 2 Teile Kalzium pro Teil Phosphor. Der empfohlene Tagesbedarf an Phosphor liegt bei 700 mg. Der übermäßige Verzehr von tierischem Eiweiß verursacht heutzutage ein Übermaß an Phosphor, bei dem das Verhältnis zum Kalzium aus dem Gleichgewicht gebracht wird.

Deshalb ist es wichtig, gute Phosphorquellen, die zugleich Kalzium enthalten, zu kennen. Die Algen sind geeignet, diesen Zweck zu erfüllen, und zwar wegen ihres Gehalts an Phosphor, der in einem idealen Verhältnis zum Kalzium steht.

**Verhältnis Kalzium / Phosphor in atlantischen Algen
(mg pro 100 g getrocknete Algen):**

	Kalzium	Phosphor
Wakame	1 380	235
Irisches Moos	1 120	135
Kombu	810	165
Meeresspaghetti	720	240
Nori	330	235
Dulse	560	235

Magnesium (Mg)

Magnesium ist auch einer der Mineralstoffe, unter dessen Mangel man leidet. Die Ursachen dafür sind der Missbrauch harntreibender Mittel auf Kalziumbasis, die pharmazeutischen Abführmittel, die Kalzium-Ergänzungsmittel, ein Übermaß an Milchprodukten, der Verzehr von raffiniertem Zucker und Mehl (er verstärkt die Ausscheidung von Magnesium durch den Harn) und tierischem Eiweiß. Wie man sieht, hat Magnesium viele Feinde. Magnesium erhält die elektrische Spannung der Nerven und der Muskelzellen und ist notwendig, um verschiedene Proteinsubstanzen (Hormone, Kollagen usw.) aufzubauen, außerdem für die Funktion von bestimmten Enzymen, um den genetischen Baustoff zu bilden, um den Herzschlag zu regulieren und um die Blutgefäße zu entspannen, wobei der Mangel an Magnesium eine Ursache für erhöhten Blutdruck sein kann. Der empfohlene Tagesbedarf an Magnesium liegt bei 420 mg für Männer und 350 mg für Frauen.
Die Lebensmittel aus landwirtschaftlicher Produktion, die reich an Magnesium sind – wie Hülsen- und Ölfrüchte – enthalten üblicherweise eine bedeutende Menge an Kalorien, was bei den Algen nicht der Fall ist.

Kalzium und Magnesium regulieren sich auch gegenseitig.
Die hohe Konzentration an Magnesium, die man durch die Einnahme von diätischen Ergänzungsmitteln erreichen kann, verhindert die Aufnahme von Kalium und Kalzium. Wie man erkennen kann, ist das Gleichgewicht zwischen Mineralstoffen schwierig, und die Mineralienquellen sollten in Lebensmitteln gesucht werden, die sie in geeignetem Ausgleich anbieten. Algen sind in diesem Sinne geradezu prädestiniert dafür.

Verhältnis Kalzium / Magnesium in atlantischen Algen (mg pro 100 g getrocknete Algen):

	Kalzium	Magnesium
Wakame	1 380	680
Irisches Moos	1 120	600
Kombu	810	715
Meeresspaghetti	720	435
Dulse	560	610
Nori	330	370

Natrium (Na)

Natrium ist ein Elektrolyt, das heißt, dass es die Menge an Mineralsalzen, die in der extrazellulären Flüssigkeit zirkulieren und die dort vorhandene Wassermenge reguliert. Das Natrium, das in den Algen enthalten ist, wird von unserem Stoffwechsel mit den anderen enthaltenen Mineralsalzen, wie Kalzium, Magnesium und Kalium, als ausgeglichener Komplex erkannt. Man muss besonders auf das Verhältnis von Natrium und Kalium achten, so dass es immer günstig für das Kalium ist. Das ist bei allen untersuchten atlantischen Algen der Fall, wie aus der nächsten Tabelle zu ersehen. Wie vom spanischen Obersten Rat für Wissenschaftliche Forschung (CSIC) veröffentlicht, sind Natrium und Kalium die am häufigsten vorkommenden Mineralien in Algen. Ein hoher Natriumspiegel wurde mit einer Erhöhung des Blutdrucks in Verbindung gebracht. Bei Algen muss dies jedoch in Beziehung zu anderen Mineralien wie Kalzium, Magnesium und Kalium gesetzt werden, welche diesen Effekt ausgleichen können. Besonders Kalium ist hier von Bedeutung, da er zum Schutz vor Bluthochdruck und anderen kardiovaskulären Risiken empfohlen wird. Der höhere Kaliumspiegel im Verhältnis zu Natrium hilft dabei, Flüssigkeitsansammlungen und Bluthochdruck zu verhindern, ohne jedoch das Kaliumgleichgewicht zu beeinträchtigen. Darüber hinaus speichern die Algenfasern den Überschuss an Natrium, bis es ausgeschieden wird, worauf an späterer Stelle noch einmal eingegangen wird. All dies hilft zu verstehen, warum Algen einen positiven Effekt auf Bluthochdruck haben (Nutritive Eigenschaften und Antioxidationsmittel spanischer Algen – CSIC – S. Cofrades 2010).

Obwohl Algen, da sie im Meer leben, sehr reich an Natrium sein sollten, ist das nicht genau so, weil sie nämlich doppelt so reich an Kalium sind, so dass Natrium ausgeglichen wird. Eigentlich gelten Algen als Heilmittel bei erhöhtem Blutdruck, wie wir im Absatz über die Ballaststoffe sehen werden, weil die Ballaststoffe der Algen das Übermaß an Natrium abtransportieren und über den Stuhlgang aus dem Körper ausscheiden. Durch den Verzehr von Algen nimmt der Organismus Natrium auf, und dadurch kann man die Salzmenge beim Kochen reduzieren. Der empfohlene Tagesbedarf an Natrium, der unter normalen Umständen durch eine kleine Menge Algen und die restlichen Lebensmittel gedeckt wird, liegt bei 2 g.

Kalium (K)

Kalium ist ein Mineralstoff, der reichlich in den Algen vorkommt, mehr als in jeder anderen Gemüse- oder Obstart. Zusammen mit Natrium, dem gegensätzlichen und ergänzenden Mineralstoff, fördert Kalium die Ausscheidung der in der extrazellulären Umwelt zurückgebliebenen Flüssigkeit, indem es als natürliches, harntreibendes Mittel wirkt. Kalium gehört zu den Mineralien, die im Organismus reichlich vorhanden sind. Kalium befindet sich in einem höheren Verhältnis im Innern der Zellen und Natrium im Äußern. Beide Mineralien bilden den Mechanismus der sogenannten „Natrium-Kalium-Pumpe", durch welche die elektrische Ladung geändert wird, die ermöglicht, dass Muskeln- und Nervenzellen die Nervenimpulse weiterleiten. Beide regulieren die Muskelkontraktion, die Erregungsübertragung, den Herzschlag, die Energieerzeugung und die Bearbeitung des genetischen Baustoffes und der Proteine. Die spezifische Aufgabe des Kaliums besteht darin, den Blutdruck zu entlasten und den Ausgleich der Flüssigkeit im Organismus zu regulieren. Kalium geht durch Schweiß verloren, und der Mangel an Kalium kann Muskelschwäche, Müdigkeit und unregelmäßigen Herzschlag verursachen, wobei unsere Nahrung selten frei von Kalium ist.

Die harntreibenden Mittel, die verschrieben werden, um erhöhten Blutdruck zu senken, sind die größten Gegner des Kaliums. Der empfohlene Tagesbedarf an Kalium liegt zwischen 3 und 4 g pro Tag. Algen wirken als Heilmittel, indem sie das Zurückhalten der Flüssigkeit und erhöhten Blutdruck bekämpfen, ohne den Kaliumspiegel aus dem Gleichgewicht zu bringen (wie es bei den chemischen, harntreibenden Mitteln vorkommt). Die Algenarten, die viel Kalium enthalten, sind Meeresspaghetti und Dulse.

Verhältnis Natrium / Kalium in atlantischen Algen
(mg pro 100 g getrocknete Algen):

	Natrium	Kalium
Meeresspaghetti	8 250	4 100
Dulse	7 310	1 595
Wakame	6 810	4 880
Kombu	4 330	2 620
Nori	2 030	940
Irisches Moos	1 350	1 200

Schwefel (S)

Obwohl das Blut nur 3 bis 5 mg Schwefel pro 100 ml Blut enthält, ist Schwefel ein wesentlicher Mineralstoff wegen der wichtigen Aufgaben, die er erfüllt. Dazu gehört die Reinigung zu fördern, welche die Leber durchführt, um Gift und Rückstände des Stoffwechsels zu entfernen und schwefelhaltige Aminosäuren zu bilden: Cystin, Cystein und Methionin. Schwefel ist in allen Zellen unseres Körpers vorhanden und in höherem Verhältnis auch in der Haut, im Haar und in den Nägeln. Alle eiweißreichen Nahrungsmittel sind gute Schwefelquellen und unter ihnen auch Algen, die Gemüseart, die am meisten Protein enthält. Schwefel bestimmt die Reinigungsfähigkeit der Algen und die Stärkung von Haut, Haaren und Nägeln.

Spurenelemente: die Wichtigkeit der kleinen Dinge

Spurenelemente sind Mineralstoffe, die der Organismus in sehr kleinen Mengen (weniger als 10 mg) braucht. Aber sie sind deswegen nicht weniger wichtig, da es ohne ihre diskrete Anwesenheit nicht möglich ist, gesund zu bleiben. Wie wir schon im Absatz *Das Meer und die Gesundheit* im 1. Kapitel gesehen haben, hat die moderne Technik gezeigt, dass die subtilen Verhältnisse der Spurenelemente unseres Körpers denen des Meerwassers sehr ähnlich sind und dass der größte Teil der chronischen Krankheiten (rheumatische, allergische, Hautkrankheiten usw.) mit dem Mangel an Spurenelementen verbunden ist. Die Algen, die ältesten Bewohner der Meere, besitzen die Eigenschaft, diese Spurenelemente zu fixieren und in den Zellen zu speichern.
Spurenelemente haben eine katalytische Funktion: Als Enzyme für Reaktionen und zur Nahrungsaufnahme ermöglichen sie die Aktivierung der Abwehrkräfte und verhindern damit Infektionen, sie erleichtern die richtige Verarbeitung von Zucker, schützen die Zellen vor der Vernichtung und erfüllen unzählige Aufgaben. Die Spurenelemente, die in den Algen

enthalten sind, befinden sich im Gleichgewicht zueinander und zu den Mineralstoffen. Durch den täglichen Verzehr einer kleinen Portion Algen, wie hier empfohlen wird, erhalten wir Spurenelemente und verhindern damit einen Mangel und möglicherweise eine Störung gegensätzlicher Mineralstoffe.

Es gibt viele Spurenelemente. Wir werden hier die acht bedeutendsten ausführlich beschreiben: **Eisen, Jod, Kobalt, Zink, Silizium, Mangan, Kupfer** und **Selen**.

Eisen (Fe)

Eisen ist vom Kern der Erde bis hin zum Innern unserer Zellen zu finden, was eine Vorstellung davon vermittelt, wie wichtig dieser Mineralstoff für das Leben ist. In unserem Organismus ist Eisen ein Teil der Struktur des Hämoglobins, des Moleküls, das Sauerstoff an alle Körpergewebe liefert und Kohlendioxid aufnimmt, wodurch die Atmung ermöglicht wird.

Dieser so wesentliche Mineralstoff wird nicht mühelos vom Verdauungssystem aufgenommen. Der empfohlene Tagesbedarf an Eisen liegt bei 10 mg für Männer und 15 mg für Frauen, wobei der wirkliche Bedarf zehnmal niedriger ist: jeweils 1 mg und 1,5 mg. Anscheinend wird das Eisen aus tierischer Herkunft besser aufgenommen als Eisen aus pflanzlicher Herkunft. Man hat auch beobachtet, dass Eisen aus pflanzlicher Herkunft von Vegetariern nach einem Jahr ohne Fleischverzehr besser verwertet wird, zusammen mit Lebensmitteln, die reich an Vitamin C sind. Der Dünndarm, in dem Eisen aufgenommen wird, braucht diese Anpassungszeit, um die Aufnahme zu verbessern.

Laut Untersuchungen über die Erneuerung des Hämoglobins verfügen Algen über hohe Mengen leicht aufnehmbaren Eisens, ähnlich wie andere Lebensmittel, die mit Eisen versetzt sind.

Meeresspaghetti (59 mg Eisen pro 100 g) enthalten neunmal so viel Eisen wie Linsen, zusammen mit 28,5 mg Vitamin C, wodurch sie wegen dieses besonderen Zusammenwirkens einen herausragenden Maßstab für aufnehmbares Eisen aus pflanzlicher Herkunft darstellen.

100

Als Besonderheit lohnt es sich daran zu erinnern, dass Kalbsleber 6,5 mg Eisen pro 100 g enthält und Beefsteak ... nur 2,2 mg pro 100 g!

Wer das Eisen der Algen nutzt, braucht nicht so viel Fleisch zu essen und schützt sich gleichzeitig vor Verdauungsstörungen, die durch bestimmte pharmazeutische Ergänzungsmittel verursacht werden. Der Verzehr von Algen erweist sich als eine milde und harmlose Möglichkeit der Eisenaufnahme für ältere Menschen, Teenager, Kinder, Frauen, die unter starken Menstruationsblutungen leiden, und Menschen, die eine schlechte Darmtätigkeit haben.

Die Herkunft des Eisens ist auch ein Aspekt, den man beachten muss. Das Eisen, das durch Lebensmittel verzehrt wird, wird besser aufgenommen, weil es organisch ist, als die anorganischen Ergänzungspräparate. Erinnern wir an den hippokratischen Grundsatz: „Lass Medizin deine Nahrung und Nahrung deine Medizin sein."

**Eisen in atlantischen Algen und in anderen Lebensmitteln
(mg pro 100 g)**

Meeresspaghetti	59
Dulse	50
Nori	23
Wakame	20
Bierhefe	17,5
Soja	8,6
Linsen	6,9
Kalbsleber	6,5
Miesmuscheln	5,8
Spinat	4,1
Eier	2,7
Beefsteak	2,2
Lammfleisch	1,8
Thunfisch	1,2

Jod (I)

Von besonderer Wichtigkeit ist Jod für die Schilddrüse, welcher eine fundamentale Funktion in der Abwehr des Körpers, im Wachstum und im Fortpflanzungssystem (34) zukommt. Außerdem kontrolliert es den Stoffwechsel und das Nervensystem und reguliert die Fettreserven. Ein Mangel an Jod kann neben vielen anderen Störungen eine Kropfbildung (Vergrößerung der Schilddrüse) verursachen, welche ehemals besonders in vom Meer entfernten Regionen bekannt war. (Mittlerweile ist auch nachgewiesen, dass das Jod in Algen die Aufnahme von radioaktivem Jod verhindert.) Es regt die geistige Leistungsfähigkeit an und ist ein anerkanntes Mittel gegen einen zu hohen Cholesterinspiegel. Jod ist verantwortlich für die Entwicklung mehrerer Organe, z. B. des Gehirns, vom Fötus bis ins Alter. Laut der WHO (Weltgesundheitsorganisation) ist ein Jodmangel die meistverbreitete Ursache für vermeidbare Hirnschäden (34). Deshalb wurde 1986 der Internationale Rat für die Kontrolle von Störungen durch Jodmangel (ICCIDD, heute IGN) gegründet.

Es ist auch nachgewiesen, dass das Jod der Algen die Aufnahme von radioaktivem Jod verhindert.

Noch heute leidet ein Drittel der Weltbevölkerung (und 82 Millionen in Europa!) unter den Folgen eines Jodmangels oder den Risiken, die dieser mit sich bringt: Fehlgeburten, Struma (Kropfbildung), geistige Entwicklungsstörungen etc. (44) (16)

Meeresgemüse bietet einen höheren Gehalt an Jod als Festlandgemüse und stellt somit eine ausgezeichnete natürliche Jodquelle dar.

Die tägliche Empfehlung für Erwachsene laut WHO ist in der folgenden Tabelle dargestellt:

Empfohlene Jodmenge laut der Weltgesundheitsorganisation in Mikrogramm / Tag

Altersgruppen	Empfehlung der WHO
0–50 Monate	90
6–12 Jahre	120
13 Jahre und mehr	150
Schwangere Frauen	200

Zwar kann ein Überschuss an Jod ebenfalls Störungen hervorrufen, es muss jedoch beachtet werden, dass Jod ein sehr flüchtiges Element ist (auch Seeluft enthält Jod). Es löst sich vor allem bei hohen Temperaturen, so dass sich auch beim Kochen der Jodgehalt verringert. Personen, die unter Nervosität oder Angstzuständen leiden, sollten auf einen gemäßigten Jodkonsum achten, bis sie über die Ursache dieses Zustandes Bescheid wissen.

Im Jahre 2002 veröffentlichte die **Behörde für Lebensmittelsicherheit in Frankreich** – welches übrigens als erstes Land den Konsum von Algen anerkannte und regulierte – einen Bericht über Jod, der den höchsten tolerierbaren Jodgehalt von 6 000 Mikrogramm / g in getrockneten Kombualgen und 2 000 Mikrogramm in den anderen Algenarten festlegt.

Die folgende Tabelle zeigt die maximal tolerierbare Jodaufnahme laut der europäischen und US-amerikanischen Behörden.

Maximal tolerierbare Menge an aufgenommenem Jod
(Mikrogramm / Tag)

Altersgruppen	Europäische Kommission (Scientific Committee on Food)	US IoM (Institute of Medicine der USA)
1–3 Jahre	200	200
4–6 Jahre	250	300
7–10 Jahre	300	300
11–14 Jahre	450	300
15–17 Jahre	500	900
Erwachsene	600	1 100
Schwangere Frauen	600	1 100

In Anbetracht der wichtigen Rolle, die Jod in unserer Gesundheit spielt, und angesichts des Jodreichtums der Algen ist es interessant zu wissen, welcher Teil des Jods für den Körper verwertbar ist, das heißt die Menge an Jod, die biologisch verfügbar ist. Im Jahre 2012 veröffentlichten die Universitäten von Santiago und Coruña in Zusammenarbeit mit ALGA-MAR eine Studie, welche als wissenschaftliche Neuheit bisher unbekannte Daten über Bioverfügbarkeit in Algen, insbesondere Atlantikalgen, bietet. Dies waren die Ergebnisse:

Bioverfügbares Jod in Atlantikalgen
in Mikrogramm / g in Trockengewicht

Kombu	1 060
Wakame	6,85
Meeresspaghetti	3,03
Nori	2,16
Dulse	4,97
Agar-Agar	4,61

Abteilung der Analytischen Chemie, Ernährung und Bromatik,
Universität von Santiago de Compostela (34)

Im Hinblick auf die Ergebnisse der Tabelle von bioverfügbarem Jod und angesichts dessen, dass die Empfehlung des Algenkonsums **bei 5 g pro Person liegt** (Universität Complutense Madrid – 32), sind alle Algen, die Kombualge ausgenommen, ein **sicherer Jodlieferant** ohne die Gefahr eines Überschusses, auch für Kleinkinder.

Hinsichtlich der Kombualge, der Alge mit dem höchsten Jodgehalt, ist es besonders für Personen mit Problemen oder der Neigung zu Problemen an der Schilddrüse ratsam, vorsichtig mit dem Konsum zu sein und einen Endokrinologen zu konsultieren.

Auf der anderen Seite ist zu bemerken, dass die Kombualge traditionell eine der meistkonsumierten Algen in Japan ist, wo das Gesundheitsministerium im Jahre 2005 einen Maximalkonsum an Jod von **3 000 Mikrogramm pro Tag** feststellte.

Die Schilddrüse ist imstande sich an eine Vielzahl von Essgewohnheiten (an die individuelle Nahrungsaufnahme) anzupassen und die Synthese und Freisetzung ihrer Hormone zu regulieren (Universität Santiago – 34), es sei denn, die Jodaufnahme erfolgt kontinuierlich übermäßig. Es ist außerdem zu beachten, dass bestimmte Nahrungsmittel die Jodaufnahme hemmen oder einschränken, wie zum Beispiel die Kreuzblütler (Kohl, Brokkoli, Rüben), Soja oder Nüsse. In der orientalischen Küche ist es üblich, Algen mit Kreuzblütlern oder Soja zu kombinieren. In der Tat liegt in Japan die durchschnittlich aufgenommene Jodmenge zwischen 1 000 und 3 000 Mikrogramm pro Person und Tag. Der Großteil davon stammt laut einer spezifischen Studie des *National Institutes of Health* der USA (45) aus dem Konsum von Meeresalgen. In dieser Studie wird der Konsum der jodreichen Algen mit dem optimalen Gesundheitszustand der japanischen Bevölkerung in Verbindung gebracht, welche als eines der gesündesten und langlebigsten Völker gilt.

Kobalt (Co)

Kobalt ist ein Teil der Kobalamine oder Vitamin 12. Ein Mangel an Kobalt verhindert die Bildung von roten Blutkörperchen und verursacht die bösartige Blutarmut, so genannt, weil sie durch Einnahme von Eisen nicht geheilt wird.

Kobalt ist auch am Gleichgewicht des Nervensystems beteiligt, wirkt entspannend bei Verdauungskrämpfen und als natürliches Beruhigungsmittel. Der Tagesbedarf an Kobalt liegt bei 2 mg, die durch eine kleine Menge Algen in der Nahrung leicht zu decken sind. **Meeresspaghetti und Kombu** sind die Algenarten, die viel Kobalt enthalten.

Zink (Zn)

Zink ist ein wesentliches Spurenelement für die Gesundheit und es müssen dauernd 2 mg Zink im Blut zirkulieren. Es ist sehr wichtig, damit die Bauchspeicheldrüse Insulin produziert, welches für die Aufnahme von Kohlenhydraten in den Zellen verantwortlich ist. Ein Mangel an Zink könnte Zuckerkrankheit verursachen, außerdem Müdigkeit, verminderte Konzentrationsfähigkeit und geschwächte Abwehrkräfte. Zink spielt auch eine wichtige Rolle in den Geschlechtsorganen, hauptsächlich bei Männern, bei denen das Prostatagewebe eine hohe Menge Zink enthält.

Zink ist besonders wichtig für ältere Menschen, bei Magersucht, verminderter Sehkraft, Prostatastörungen, kalorienarmen Schlankheitskuren, während der Einnahme von harntreibenden Mitteln und bei der Behandlung von Alkoholsucht. Der empfohlene Tagesbedarf liegt bei 15 mg für Männer und 12 mg für Frauen.

Der tägliche Verzehr von Algen in geringen Mengen garantiert eine ausreichende Zinkmenge, ausgeglichen mit den anderen Spurenelementen und ohne Vergiftungsgefahr. **Meeresspaghetti** und Irisches Moos sind besonders reich an Zink.

Silizium (Si)

Silizium ist ein Spurenelement, das unerlässlich für die Elastizität der Gelenke, den Kalk in den Knochen, die Gesundheit der Sehnen und den Bau von Nägeln, Haut und Haaren ist, sowie für den Aufbau des Kollagens, einer Substanz, welche die Haut faltenfrei macht. Es ist also eines der Spurenelemente, das notwendig ist, um Knochen und Gelenke zu schützen und zu erneuern und sehr wichtig, um viele Jahre lang eine jugendliche Haut zu erhalten. Ein weiterer Grund dafür, dass Algen zu Vitalität und Schönheit beitragen. **Dulse und Kombu** zeichnen sich durch ihren Gehalt an Silizium aus.

Mangan (Mn)

Die Hauptaufgabe des Mangans im Organismus besteht in der Antioxidation. Außerdem ist es notwendig, damit das Skelett in gutem Zustand bleibt. Mangan hilft beim Aufbau des Hormons Thyroxin, das den Stoffwechsel reguliert. Ein Mangel an Mangan verursacht Abnormitäten des Skelettes, Müdigkeit und Senkung der sexuellen Eigenschaften. Eine angemessene Dosis Mangan hilft dabei, ein besseres geistiges und körperliches Gleichgewicht zu erreichen, erhöht die Aktivität, das Interesse für Neues und ermöglicht eine schnellere Erholung bei Müdigkeit. Man braucht zwischen 2 und 5 mg Mangan pro Tag. Alle Algenarten enthalten Mangan, besonders **Dulse und Meeresspaghetti**.

Kupfer (Cu)

Kupfer ist notwendig für die Aufnahme von Vitamin C, das wir durch Speisen aufnehmen. Beide wirken zusammen bei der Prävention von Virusinfektionen (ein Grund für eine Algenkur im Winter). Kupfer ist auch für die Bildung der roten Blutkörperchen, die Bildung von Kollagen und der Bindehaut von Knochen, Knorpel, Haut und Sehnen nötig. Außerdem wirkt es mit beim Aufbau des Melanin, des Pigments, das die natürliche Haut- und Haarfarbe erhält. Der als sicher geschätzte Tagesbedarf an Kupfer liegt bei 2 bis 4 mg, und der Mangel an Kupfer steht in Verbindung mit der Unmöglichkeit, Eisen für die Bildung von Hämoglobin zu nützen, was unter anderem Störungen wie Blutarmut, Knochenbrüche und Schwäche der Blutgefäße verursacht. Alle Algensorten ohne Ausnahme enthalten Kupfer.

Selen (Se)

Selen ist ein Spurenelement mit Antioxidationseigenschaften und steht in Verbindung mit Vitamin E und mit dem Fettstoffwechsel. Ein Mangel an Selen verursacht unter anderem Herzstörungen. Unter anderen Störungen schädigt das Übermaß an Selen die Leber. Der empfohlene Mindesttagesbedarf liegt bei 70 Mikrogramm für Männer und 55 für Frauen. Alle atlantischen Algen sind gute Quellen für Selen in einem geeigneten Verhältnis, das zuträglich für den Organismus ist[*].
Die Algen, die am meisten Selen enthalten, sind Nori und Wakame. Zehn Gramm Trockenalgen decken unseren täglichen Bedarf.

Meereseiweiss: stark und solidarisch

Abgesehen von dem außergewöhnlichen Reichtum an Mineralstoffen enthalten Algen vollkommenes Eiweiß **höchster biologischer Qualität**. Auch in dieser Nahrungsgruppe übertreffen Algen das Gemüse und nähern sich an die Gruppe der proteinhaltigen Nahrungsmittel, wie Eier, Milchprodukte, Hülsenfrüchte und Trockenfrüchte, an. Der durch die Weltgesundheitsorganisation (WHO) empfohlene Tagesbedarf an Eiweiß liegt bei 0,8 g pro kg Gewicht, das heißt, dass ein 70 kg schwerer Mensch täglich 56 g Protein braucht.
Heutzutage erkennen die Ernährungswissenschaftler, dass in den westlichen Ländern wegen des zu hohen Verzehrs von Fleisch, Milchprodukten und Fisch zu viel Eiweiß verzehrt wird und dass eine vegetarische Ernährungsweise[**] den Bedarf an Eiweiß vollkommen deckt.
Protein ist aus Aminosäuren zusammengesetzt und unser Organismus braucht 20 Aminosäuren, um Protein herzustellen. Acht davon kann unser Körper nicht selbst bilden und muss sie deshalb über die

---

[*]   *Vitamins and minerals: efficacy and safety*, J. N. Hathcock, 1997.
[**]   Ovo-lacto-vegetarisch

Nahrung aufnehmen. Sie werden *essenzielle Aminosäuren* genannt und wir brauchen sie jeden Tag, damit Eiweiß zweckmäßig aufgebaut und verwertet werden kann. Die acht essenziellen Aminosäuren sind: Isoleucin, Leucin, Lysin, Methionin, Phenylalanin, Threonin, Tryptophan und Valin. Histidin wird nur während des Wachstums als essenziell betrachtet.

Um die Qualität des Proteins, das wir zu uns nehmen, einzuschätzen, ist es wesentlich zu beachten, aus welcher Aminosäurengruppe es zusammengestellt ist. Wenn alle essenziellen Aminosäuren enthalten sind, wird von Protein **hoher biologischer Qualität** gesprochen.

Deshalb ist die Menge an Protein nicht Grund genug, um ein Nahrungsmittel als Eiweißquelle zu betrachten. Es müssen verwertbare Proteine sein. Es gibt einen *Verwertungskoeffizienten*, oder *assimilierbares Nettoprotein*, das die tatsächliche Eiweißmenge anzeigt, die wir aufnehmen würden, wenn wir nur ein bestimmtes Lebensmittel essen würden. Als Bezugsmodell für Protein gilt das Eiweiß, deshalb wird oft Protein als Eiweiß bezeichnet.

Bei den Algen ragt nicht die Menge an Eiweiß hervor, sondern seine außergewöhnliche Qualität, die dem Ei und der Muttermilch ähnlich ist, die alle **essenziellen Aminosäuren** und außerdem auch semi- und nichtessenzielle enthalten (wie aus der nächsten Tabelle ersichtlich). Deshalb können Algen den Mangel an Protein von Nahrungsmitteln, mit denen sie zusammen verzehrt werden, ergänzen, indem sie diese verwertbarer machen (Hülsenfrüchte, Getreide, Trockenfrüchte, Fisch usw.). Genauso wie in Bezug auf den Reichtum an Mineralstoffen zeigen sich Algen auch hier großmütig und solidarisch mit ihren Tafelkameraden, wie es zum seemännischen Wesen gehört.

Einige atlantische Algen ragen heraus bezüglich ihres Gehalts an Eiweiß: **Nori, Wakame** und **Dulse** weisen Werte zwischen 18 % und 29 % Protein auf, mit einer hohen Verdaulichkeit (85 %–90 % bei Wakame, 75 % bei Nori). Es folgen weitere Angaben zum Vergleich: Rindfleisch verfügt über 20 % Protein, Schweinefleisch 16 % und Ei 13 %.

Durchschnittliche Prozentsätze an Eiweiß
verschiedener Nahrungsmittel (g pro 100 g)

Atlantische Wakame-Alge	Ei	Milch	Soja	Rind-fleisch	Schweine-fleisch	Mandel
22,7	12,9	3,3	35	20	16	19

Untersuchung der Xunta de Galicia (Autonome Landesregierung Galiciens)

Aminosäuren in atlantischen Algen und im Ei (g pro 100 g Protein)

Essenzielle	Wakame	Nori	Dulse	Meeres-spaghetti	Kombu	Irisches Moos	Eiweiß
Histidin*	0,5–5,6	1,2–1,4	0,5–1,59	1,7–7,9	1,3	1,1–1,8	4,1
Isoleucin	2,8–4,6	4,0	2,7–4,25	3,4–6	3,8	1,7	4,8
Leucin	5,1–9,0	7,7–8,7	2,9–6,29	3,2–6,6	5,4	2,6–5,3	6,2
Lysin	3,4–5,5	2,6–4,5	4,1–7,2	4,3–28,4	3,7	3,3–4	7,7
Methionin	1,5–2,5	1,7–3,4	0,8–6,84	2,2–2,8	1,6	0,5	3,1
Phenylalanin	3,4–5,2	3,9–5,3	2,3–4,92	3,4–7,7	3,2	1,3–1,5	4,1
Threonin	2,4–5,4	3,2–4,0	3,5–4,6	3,2–5,3	4,4	2	3,0
Tryptophan	0,8–2,0	1,1–1,3	0,9–2,9	o. A.	0,8	1,6	1,0
Valin	4,1–6,9	6,4–9,3	4,6–6,4	4,2–3,4	4,2	2,6–2,8	5,4
Nicht-essenzielle							
Alanin	4,5–1,4	7,4–9,9	5,6–7,6	4,4–5,2	14,6	3,6–3,7	6,7
Arginin	3,0–7,5	5,9–16	4,1–5,2	4,3–10,4	0,25	10,2–28	1,7
Asparagin-säure	5,6–10,0	7,0–8,5	7–10	6,1–7,5	15,7	2,5–3,7	6,2
Cystein	0,5–1,9	7,2–9,3	5,3–9,7	7,84–32,8	12,1	3,4–8,2	9,9
Glutamin-säure	5,1–14,7	0,3	2,7	10,3	1,7	1,6	1,4
Glycin	3,7–5,6	6,8	4,4–5,4	3–4	4,3	2,1–3,1	3,4
Prolin	2,8–4,7	4,6	3,6–5,1	o. A.	3,7	1,3–7,1	2,8
Serin	2,6–4,4	4,8	4–4,4	5,8–19,3	4,1	2,2	6,8
Tyrosin*	1,5–2,7	2,4	o. A.	2–6,5	1,5	1–2,3	1,8

Untersuchungen: Centre d'Études et de Valorisation des Algues (CEVA)

(1) Eiweißangaben aus: Arasaki, Les Légumes de mer (17) / (*) Hystidin und Tyrosin sind nur für das Wachstum essenziell / (o. A.) ohne Angabe

! Wussten Sie, dass ...

... aus der Aminosäure Phenylalanin, die in Algen reichhaltig vorhanden ist, Neurotransmitter gebaut werden, die Klarheit, Mut und die Lebenskraft steigern.

Aus der Aminosäure Tryptophan – auch in den Algen enthalten – wird Serotonin hergestellt, das Ruhe und Frieden bereitet (25).

Das durchschnittliche Verhältnis in den Algen sind 3 Teile Phenylalanin pro Teil Tryptophan, was einen Eindruck ihres erfrischenden und belebenden Charakters vermittelt.

Gesamtprotein in atlantischen Algen
(g pro 100 g Trockenalge)

Nori	29
Wakame	22
Irisches Moos	20
Dulse	18
Meeresspaghetti	8,4
Kombu	6,9

Quelle: Xunta de Galicia (Autonome Landesregierung Galiciens), Universität in Santiago de Compostela, Universität Complutense in Madrid und Consejo Superior de Investigaciones Científicas (Oberster Rat für wissenschaftliche Forschungen).

Algen enthalten wenige und gesunde Fette

Algen haben einen niedrigen Gehalt an Fett, unter 3 % ihres Trockengewichtes. Außerdem sind die Fette, die Algen enthalten, besonders bedeutsam für die Gesundheit, da ein wichtiger Teil davon **ungesättigt** ist. Kurz gesagt: **Omega-3** (Linolsäure) und **Omega-6** (Linolsäure). Sie helfen, den Cholesterinspiegel zu senken und Herz-Kreislauf-Krankheiten vorzubeugen, und wirken als Hormone regulierend in den Hirnzellen und entzündungshemmend, unter anderen „Verjüngungsfunktionen".

Bei der Nori-Alge zum Beispiel kann der Gehalt an Omegasäure 3 EP (Eicosapentaensäure) bis zu 50 % des gesamten Fettgehalts ausmachen (7). Beim Irischen Moos, das unter den hier analysierten Algen den höchsten Fettgehalt aufweist, sind 80 % der enthaltenen Fettsäuren ungesättigt (9), mit einem hohen Anteil an Omega-3 und Omega-6.

Andererseits kommen die **Kohlenhydrate** der Algen meistens als **Ballaststoffe** vor (wie wir im Absatz über die Ballaststoffe sehen werden), so dass ihr Kaloriengehalt sehr niedrig ist.

Fette in atlantischen Algen (g pro 100 g)

Irisches Moos	2,7
Dulse	2
Wakame	1,5
Kombu	1,1
Meeresspaghetti	1,1
Nori	0,3

Die Vitamine der Algen

Die Vitamine wurden im 20. Jahrhundert entdeckt und als unerlässliche Substanzen für fast alle Stoffwechselvorgänge des menschlichen Organismus identifiziert. Vitamine müssen mit der Nahrung aufgenommen werden, und obwohl man denken könnte, dass wir im überreichen Lebensmittelangebot unserer modernen Gesellschaft „von allem haben", gibt es viele Vitaminfeinde, die uns täglich gefährden: Konservierungsstoffe, Schädlingsbekämpfungsmittel, übermäßiger Genuss von Fleisch und raffiniertem Mehl, Zucker, Alkohol, Kaffee, Zigaretten und Arzneimittel (Verhütungsmittel, Aspirin, Abführmittel), Zusatzstoffe und Stress. Faktoren, die den Bedarf an Vitaminen erhöhen, entweder weil sie diese zerstören oder weil sie ihre Aufnahme behindern.

Die beste Garantie für eine gute Versorgung mit Vitaminen ist eine Nahrung, die reich an solchen Lebensmitteln ist, welche die Vitalität ihres natürlichen Zustandes bewahren. Die atlantischen Algen sind ein Beispiel dafür.

Wenn wir Algen zu Salaten und anderen alltäglichen Gerichten hinzufügen, werden wir die Vitamine sowie die Lebenskraft und Reinheit der unverarbeiteten Nährstoffe genießen. Vor allem Algen, die roh verzehrt werden können, wie Dulse und Wakame, sind besonders ansehnlich und geschmackvoll in Salaten; aber auch gekocht behalten bestimmte Algen wegen des hohen Gehalts an Vitaminen diese Fähigkeit: **Meeresspaghetti** und **Dulse** (Vitamin C), **Nori** und **Dulse** (Vitamin A).

Vitamine werden in zwei Gruppen eingeordnet: **fettlösliche (A, D, K, E)** und **wasserlösliche (C und B)**.

- **Fettlösliche Vitamine**

Wie ihr Name sagt, sind es Vitamine, die in Fett sehr gut löslich sind und die – im Gegensatz zu den wasserlöslichen – im Körper angelagert werden: unter der Haut, in der Leber usw.

Vitamin A

Das Vitamin A befindet sich in den Algen als Carotin (Vitamin-A-Vorstufe Beta-Carotin, auch als Provitamin A bezeichnet). Carotin verleiht bestimmten Obst- und Gemüsesorten die gelbrötliche Farbe. Die Rotalgen, reich an Vitamin A, verdanken ihre bezeichnende Farbe bestimmten Pigmenten, wie Phycoerythrin (Nori, Dulse, Irisches Moos).

Provitamin A ist ein organischer Farbstoff (Beta-Carotin), welchen der menschliche Organismus in aktives Vitamin A umwandelt. Beta-Carotin aus der Nahrung wird nur bei Bedarf in Vitamin A umgewandelt, der Rest wird ausgeschieden. Deshalb kann durch Vitamin A aus Obst, Gemüse und Algen keine Überdosierung oder Vergiftung erfolgen, im Gegensatz zu Retinol oder Vitamin A aus tierischer Herkunft, das vom Körper gespeichert wird, sei es nötig oder nicht.

Vitamin A ist essenziell für ein gutes Sehvermögen, für die Funktion und den Aufbau von Haut und Schleimhäuten, für eine gute

Geistesentwicklung und die Funktion der Nebennieren. Vitamin A fungiert als ein ausgezeichnetes Antioxidationsmittel und verträgt Hitze, womit seine Verwertung sehr hoch ist.

Nori ist die Algenart, die am meisten Provitamin A enthält: 3,6 mg pro 100 g Trockenalge, dreimal so viel wie Möhren, die Gemüsesorte, die mit 1,1 mg pro 100 g als erste Quelle für Vitamin A gilt.

Vitamin D

Algen enthalten kein eigenes Vitamin D, sondern sogenanntes Provitamin D in Form von Algosterol, einer Vorstufensubstanz, spezifisch und ausschließlich der Algen. Genauso wie alle anderen fettlöslichen Vitamine wird Provitamin D durch Fett und in Verbindung mit Galle aufgenommen. Vitamin D fördert die Aufnahme und Verwertung von Kalzium und Phosphor und ist essenziell für eine gute Knochen- und Zahnentwicklung.

Vitamin E

Vitamin E, auch Tocopherol genannt, entfaltet eine starke antioxidative Wirkung, es fördert den Kreislauf und schützt vor Arteriosklerose, Entzündungen und freien Radikalen. Vitamin E ist auch für die sexuelle Funktion wesentlich.

Die Menge an Vitamin E, welche die atlantischen Algen **Dulse**, **Wakame** und **Kombu** enthalten, liegt zwischen 1,4 und 13,9 mg pro 100 g, mit einem Durchschnittswert, der den Gehalt in Vollkorngetreide, Fisch, Avocado und Lebertran übersteigt und einen Höchstwert aufweist, der dem Gehalt an Vitamin E in Olivenöl ähnlich ist, um einige Beispiele zu nennen.

• Wasserlösliche Vitamine

Wie ihr Name sagt, sind es Vitamine, die in Wasser löslich sind. Sie sind weniger stabil als fettlösliche Vitamine: Beim Kochen gehen sie teilweise verloren, ebenso durch Schweiß und Urin. Deshalb müssen sie jeden Tag über die Nahrung zugeführt werden. Algen gelten als Quellen für wasserlösliche Vitamine des B-Komplexes: Thiamin (Vitamin B1), Riboflavin (Vitamin B2), Niacin (Vitamin B3), Pyridoxin (Vitamin B6) und Cobalamin (Vitamin B12). Sie alle sind Grundbausteine für lebenswichtige Funktionen, wie der Energiegewinnung aus den Nährstoffen, die wir zu uns nehmen (Kohlenhydrate, Eiweiß und Fett), der Stärkung des Nervensystems und der Bildung der roten Blutkörperchen, unter anderem. Der Gehalt der Algen an Vitamin B12 ist wegen des Mangels an sonstigen pflanzlichen Quellen besonders wichtig.

- **Vitamin B12 oder Cobalamin**

Vitamin B12 kommt in Pflanzen praktisch nicht vor. Es ist mitverantwortlich bei der Synthese des genetischen Bauwerks der Zellen (DNA und RNA) und beim Bau der roten Blutkörperchen. Vitamin B12 fördert die Geschwindigkeit der Übertragung zwischen den Nerven, treibt das Fett an und erhält die Energievorräte der Muskeln. Aufgaben, die für den Organismus sehr wichtig sind. Ein Mangel an Vitamin B12 verursacht bösartige Blutarmut (die durch Zufuhr von Eisen nicht geheilt werden kann), Nervenbeschwerden, Menstruationsstörungen, Zungengeschwüre usw.

Algen liefern Cobalamin oder Vitamin B12 nicht als eigenen Bestandteil, sondern synthetisiert durch die Bakterien der assoziierten Darmflora (*Algas de Galicia. Alimentación y otros usos.* Xunta de Galicia, 1993) (1).

Die Nori-Alge ist diejenige, die am meisten Vitamin B12 enthält: 29 Mikrogramm pro 100 g bei einem Tagesbedarf von 2 Mikrogramm.

Obwohl die Untersuchungen über das Vitamin B12 noch nicht abgeschlossen sind, zitieren viele zuverlässige Autoren die Werte des Cobalamins der Algen und empfehlen sie als eine der wenigen vegetarischen Quellen für dieses Vitamin.

Die neueste wissenschaftliche Forschung, die wir in Bezug auf die vegane Ernährungsweise kennen, weist die Meeresalgen als bioverfügbare Quelle für Vitamin B12 aus (*Vitamin B12 status of long-term adherents of a strict uncooked vegan diet is compromised.* Rauma, Torroren. J. Nutr. 1995) (43)

Vitamin B12 in atlantischen Algen
(Mikrogramm pro 100 g Trockenalgen)

Nori	29
Dulse	9
Wakame	3,6
Kombu	3

! Wussten Sie, dass ...

... Vitamin B12 nur durch ein gesundes Verdauungssystem verwertet werden kann, das heißt, dass es den sogenannten Intrinsic-Faktor herstellen kann. Diese Substanz wird von der Magenschleimhaut produziert und bindet das Cobalamin (den äußeren Faktor), was vor einem Abbau schützt. Ohne diesen innerlichen Faktor kann das Vitamin 12, das wir zu uns nehmen, nicht verwertet werden. Bei Blutarmut müssen ärztliche Untersuchungen angestellt werden, um zu klären, ob die Ursache mit einem Mangel des Intrinsik-Faktors in Verbindung steht, da in diesem Fall weder die Behandlung mit Vitamin 12, noch mit Eisen diese Störung heilen würde.

- **Vitamin C**

Vitamin C, auch Ascorbinsäure genannt, gehört zu den wasserlöslichen Vitaminen, die wir täglich aufnehmen müssen. Vitamin C wirkt als Antioxidationsmittel, indem es die Zellen vor dem Absterben schützt, es fungiert außerdem entgiftend, entzündungs- und allergienvorbeugend. Außerdem begünstigt Vitamin C die Aufnahme von Eisen, erweist sich als sehr wichtig für das Haut- und Bindegewebe und ist am Aufbau der Hormon- und Neurotransmitter beteiligt. Als wasserlösliches Vitamin geht ein Teil beim Kochen verloren (bis zu 50 % in 25 Minuten).
Die atlantischen Algen, die einen hohen Gehalt an Vitamin C aufweisen, sind **Dulse**, mit 35,4 mg pro 100 g, und **Meeresspaghetti**, mit 28,5 mg. Beide sind ausgerechnet auch die Algensorten, die am meisten Eisen enthalten, dessen Aufnahme dadurch erleichtert wird.

Wir empfehlen das Kochwasser von Algen aufzubewahren und für andere Gerichte weiterzuverwenden, da es reich an Vitaminen und Mineralstoffen ist. Um Vitamin B und Vitamin C optimal auszunützen, wäre es noch besser, die Algen roh zu verzehren, was bei Meeresspaghetti, Wakame und Dulse möglich ist.

Vitamin E in Algen und anderen Nahrungsmitteln (mg pro 100 g)

Dulse	2,2–13,9	Fisch	0,3–1,6
Kombu	1,6	Olivenöl	13
Wakame	1,4–2,5	Avocado	3

Vitamin A, B und C in atlantischen Algen (mg pro 100 g)

	Vit A	Vit B1	Vit B2	Vit C
Meeresspaghetti	0,07	0,02	0,02	28,5
Nori	3,6	0,14	0,36	4,2
Dulse	1,59	1,56	0,51	34,5
Wakame	0,04	0,17	0,23	5,29
Kombu	0,04	0,05	0,21	0,35
Fucus	0,3	0,02	0,03	14,1

Durchschnittliche Menge an Vitamin C in Algen und Früchten (mg pro 100 g)

Dulse	34,5
Meeresspaghetti	28,5
Wakame	5,2
Ananas	20
Birne	5
Weintrauben	4

Ballaststoffe erster Klasse

Heutzutage werden Ballaststoffe als Bestandteile der pflanzlichen Nahrungsmittel betrachtet, die durch die Verdauungsenzyme nicht abgebaut werden, so dass sie das Kolon unverdaut erreichen.

Die Ballaststoffe der Meeresalgen werden von Fachleuten als **Ballaststoffe hoher Qualität** anerkannt, unter den pflanzlichen Ballaststoffen zeichnen sie sich durch eigene Wesensmerkmale aus, mit chemischen Unterschieden zu den Erdpflanzen: Zähflüssigkeit, Wasser- und Fettanziehungskraft und, vor allem, bioaktive Bestandteile, die antioxidative Wirkung besitzen und auch gegen freie Radikale wirken. Diese Wirkung ist bei Braunalgen besonders stark (**Kombu, Wakame, Fucus** und **Meeresspaghetti**).

Angesehene wissenschaftliche Forschungen weisen auf die offenbar wohltuende Wirkung der Algenballaststoffe auf den Fettstoffwechsel hin, außerdem sind sie oxidationshemmend, blutgerinnungshemmend und tumorbekämpfend (7).

Ballaststoffe werden üblicherweise in zwei große Gruppen eingeteilt: **lösliche** und **unlösliche**.

Algen sind sehr reich an überwiegend löslichen oder schleimartigen Ballaststoffen – mehr als 30 % ihres Gewichts.

Unlösliche Ballaststoffe sind härter und haben die Aufgabe, den Stuhlgang zu vergrößern und die Darmtätigkeit zu fördern, indem sie dem Organismus helfen, die Rückstände auszuscheiden und Verstopfung zu verhindern. Dies ist der Fall der Weizenkleie und sie bestehen im Wesentlichen aus Zellulose.

Lösliche Ballaststoffe zeichnen sich darüber hinaus durch andere vorteilhafte Wirkungen aus: Sie sind milder, wirken darmregulierend und verfügen über besondere Eigenschaften.

Lösliche Ballaststoffe sind eigentlich Kohlenhydrate, die wegen ihrer Unverdaulichkeit als Ballaststoffe wirken und betrachtet werden. Algen enthalten lösliche Ballaststoffe in Form von Polysacchariden, die einzigartig in der Natur sind und auch einzigartige Eigenschaften für die menschliche Gesundheit entfalten.

Weithin anerkannt ist die **cholesterinspiegelsenkende Wirkung** der Algen, die in beachtlichem Maße solchen Polysacchariden zu verdanken ist (Agar, Alginat und Karrageen), die das Cholesterin „einfangen" und aus dem Körper vertreiben.

Diese „Reinigungsaufgabe" wird außerdem durch andere Mechanismen verstärkt, wie die Wirkung des Jods und der ungesättigten Fettsäuren, welche die Algen **herz- und kreislauffreundlich** machen, indem sie eine der größten Plagen unserer Gesellschaft bekämpfen: die Herz-Kreislauf-Krankheiten.

Obwohl man denken könnte, dass Algen viel Salz enthalten und deshalb schädlich sind für Menschen, die unter hohem Blutdruck leiden, ist es genau umgekehrt: Die Polysaccharide der Algen vermindern das Übermaß an Natrium und scheiden es aus dem Organismus aus, mit einer schonenden Wirkung auf **hohen Blutdruck** (*Study on hipertensive and on antihyperlipidemic effect of marine algae*, von Ren, Noda, Amano, Fish Sci, 1994) (40).

Die Zähflüssigkeit, die durch die Algen an den Magenwänden entsteht, lässt sie sättigend wirken. Außerdem entfaltet sie eine positive Wirkung bei der Behandlung von Darmgeschwüren (2) (24). Wenn die Ballaststoffe durch den Darm wandern, weichen die Rückstände auf, und dadurch wird der Durchgang erleichtert.

Die rutschigen Ballaststoffe der Algen schonen die Darmflora und stellen eine sanfte und wirksame Lösung gegen Verstopfung dar. Der tägliche Verzehr von Algen macht den Gebrauch von chemischen Abführmitteln (und sogar von denen auf pflanzlicher Basis) überflüssig. Chemische Abführmittel stören auf die Dauer die Darmflora und, was noch schlimmer ist, verstärken die Darmträgheit und den Mangel an Darmbakterien, so dass man in einen Teufelskreis gerät, dem man nur durch eine veränderte Ernährungsweise entrinnen kann.

Ausserdem verbinden sich die löslichen Ballaststoffe der Algen im Magen mit den Lebensmitteln, so dass sie langsamer aufgenommen werden. So wird ein dauerhaftes Sättigungsgefühl durch kleinere Speisen erreicht und plötzlichen Glukoseerhöhungen vorgebeugt, eine Heilfähigkeit, die eine große Bedeutung bei Schlankheitsdiäten und bei Zuckerkrankheit erlangt.

Die Ballaststoffe der Meeresalgen wirken auch **gegen Tumore**, und zwar durch bestimmte Substanzen, die in einigen Braunalgen (wie **Kombu** und **Fucus**) und Rotalgen (wie **Nori**) vorkommen (7).

Diese besonderen Ballaststoffe der Algen zeichnen sich durch viele Eigenschaften und Verwendungen aus. Später werden wir auf sie zurückkommen.

Ballaststoffe in atlantischen Algen und anderen Nahrungsmitteln (% Trockenstoff)

Wakame	35,3
Meeresspaghetti	32,7
Nori	34,7
Kohl	34,3
Salat	26,5

Angaben: Xunta de Galicia (Autonome Landesregierung Galiciens) (1).

Zusammenfassung der Nährstoffe jeder Algenart

Wakame	Kalzium, Eiweiß, ausgeglichene Aminosäuren, Ballaststoffe, Jod
Kombu	Magnesium, Kalzium, Glutaminsäure, Alginsäure, Ballaststoffe, ungesättigte Fettsäuren
Meeresspaghetti	Eisen, Vitamin C, Kalium, Phosphor, Ballaststoffe
Nori	Vollkommenes Eiweiß, Vitamin A, Vitamin B12
Dulse	Kalium, Eisen, Vitamin A, C und E, vollkommenes Eiweiß
Irisches Moos	Kalzium, Eiweiß, lösliche Ballaststoffe (Karrageen), ungesättigte Fettsäuren
Agar-Agar	Lösliche Ballaststoffe

Konservierungs- und Zusatzstoffe aus dem Meer

Nicht alle Zusatzstoffe sind schädlich. Zusatzstoffe, die aus Algen gewonnen werden, sind, wie wir schon erwähnt haben, in vielen alltäglichen Lebensmitteln enthalten. In der Tat gehört es zu den Fähigkeiten der Kohlenhydrate oder Polysaccharide der Algen, die Eigenschaften der Lebensmittel zu verbessern und sich als Binde- und Geliermittel und Stabilisator zu eignen. Die Polysaccharide der Algen (wie schon im Absatz über die Ballaststoffe wegen ihrer außergewöhnlichen Eigenschaften erwähnt) sind komplexe Kohlenhydrate, Bestandteile der Zellwände und der intrazelluläre Raum der Algen, vor allem der Braun- und Rotalgen. Diese Substanzen sind neutral in Geschmack, Geruch und Farbe, so dass sie in vielen Lebensmitteln das Fett ersetzen können und deshalb in der Herstellung von salzigen oder süßen kalorienarmen oder Light-Produkten eingesetzt werden.

Die Zusatzstoffe der Algen sind durch die Codes E 400 bis E 407 erkennbar und werden in drei Gruppen eingeteilt: Alginat, Karrageen und Agar-Agar.

- **E 400 bis E 405**
Alginat wird grundsätzlich aus Braunalgen gewonnen. Durch die Behandlung mit Ätzflüssigkeit bildet die Alginsäure (E 400) Salze, die Alginate genannt werden. Die häufigsten Salzarten sind:

- Natriumalginat (E 401)
- Kaliumalginat (E 402)
- Ammoniumalginat (E 403)
- Kalziumalginat (E 404)
- Propylenglycolalginat (E 405)

Die Bedeutung der Alginate liegt darin, dass sie durch Wärme nicht schmelzen (im Gegensatz zu Agar und Karrageen) und sich deshalb als

Konservierungsmittel und auch als **Stabilisator** in Eiscreme, Milchprodukten, Bier, Kohlensäuregetränken, Suppen usw. eignen.

Alginat ist ein Polysaccharid, das vielseitig eingesetzt wird: Es findet in der Lebensmittel- sowie der Pharma-, Textil-, Papier- und Kosmetikindustrie Verwendung.

- **E 406**

Es entspricht dem **Agar-Agar**, das eigentlich keine Algenart ist (wie wir im Absatz über Agar-Agar erfahren haben), sondern das Ergebnis der Verarbeitung einer Art der Rotalgen, Agarophyten genannt, unter denen *Gelidium* und *Gracilaria* die meistgebrauchten sind. Die Besonderheit dieses Produktes ist, dass Agar-Agar bei 85 Grad Celsius schmilzt und bei 35 Grad Celsius erstarrt, weswegen Agar besser als tierische Gelatine geeignet ist, die Kühlung braucht, um fest zu bleiben. Agar-Agar wird als Geliermittel und Emulgator in Eiscreme, Saucen, Cremes, Majonäse, Getränken usw. eingesetzt.

- **E 407**

Es entspricht dem **Karrageen**, wird hauptsächlich als **Verdickungsmittel** und Emulgator verwendet und aus Rotalgen gewonnen. In Galicien wird dafür „*carrapicho*" geerntet, das ist die volkstümliche Bezeichnung für zwei Algenarten: *Chondrus crispus* (Irisches Moos) und *Mastocarpus stellatus*. Diese Algenarten werden seit Jahrhunderten als Verdickungsmittel für Milchdesserts und traditionellen Milchpudding gebraucht und auch als schleimlösendes Heilmittel in Hustensirup und als Antibiotikum genutzt. Karrageen wurde schon von alters her von Iren und Bretonen wegen seines besonderen Verhaltens als Verdickungsmittel für Milch in hausgemachten Desserts eingesetzt. Heutzutage wird Karrageen industriell in der Herstellung von Milchprodukten gebraucht.

! Wussten Sie, dass ...

... Alginsäure eine einzigartige Substanz der Algen ist, die mithilft, die Schwermetalle, radioaktive Substanzen, Gifte und verseuchte Bestandteile zu beseitigen, die wir durch die Speisen oder die Luft aufnehmen, indem sie unlösliche Salze herstellt und sie zusammen mit den Rückständen aus unserem Organismus entfernt.

Allgemeine Tabelle der Zusammensetzung der Atlantikalgen

Pro 100 g Trockenalge	Wakame	Dulse	Meeres-spaghetti	Kombu
Eiweiß in %	12,6–22,7	13,8–18	5,4–8,5	6,9–9,3
Fett in %	1–1,5	0,3–2	0,9–1,4	0,1–1,1
Kohlenhydrate in %	17,2–46,8	38–56	26,5–44,1	35,9–52,1
Ballaststoffe in %	32,2–35,3	14,2–31,4	32,7–42,7	30–37
Kalzium in mg	925–1760	560	720–1510	810–1970
Eisen in mg	20	50	59	16,5
Magnesi-um in mg	680–1601	610	435–1280	659–1120
Phosphor in mg	235–376	235	140–240	165–205
Jod in µg	685*	497*	303*	1060*
Kalium in mg	6810–10700	7310	6739–8250	4330–11579
Natrium in mg	3550–7480	200–1595	1720–5140	950–4550
Selen in µg	590	17	220	310
Kobalt in µg	36	35	120	12
Mangan in µg	680	23310	4680	530
Zink in µg	1,7–7	6,4	3,7–9,5	1,7–3,6
Vitamin A in µg	40	1590	70	40
Vitamin B1 in µg	118	115	14	40
Vitamin B2 in µg	140	427	110	90
Vitamin C in µg	5200	34500	28500	300

Pro 100 g Trockenalge	Nori	Agar-Agar	Irisches Moos
Eiweiß in %	4,1–29	0,4–0,6	20,5
Fett in %	0,3–2,7	0,1–0,2	2,7
Kohlenhydrate in %	4,8–43,1	0,4	68,3
Ballaststoffe in %	34,7–40,5	70–79,4	34,2
Kalzium in mg	330–687	325	420–1120
Eisen in mg	23	2,2	17
Magnesi-um in mg	283–710	159	600–1050
Phosphor in mg	235–560	20,7	120–135
Jod in µg	216*	461*	395
Kalium in mg	1407–3500	41,6	1350–3184
Natrium in mg	740–4190	410–640	1200–5060
Selen in µg	600		200
Kobalt in µg	23	8	40–256
Mangan in µg	2700	1000	1140
Zink in µg	2,2–6,8		7,1–13
Vitamin A in µg	3600		
Vitamin B1 in µg	202		
Vitamin B2 in µg	615		
Vitamin C in µg	4200		

In den leeren Spalten sind jeweils keine Angaben verfügbar.
Die Ergebnisse mit 2 Ziffern, welche durch einen Bindestrich voneinander getrennt sind, geben den minimalen und maximalen Wert der verschiedenen Analysen an.
**Bioverfügbares Jod – Universität in Santiago de Compostela (34)*

Quellen: Xunta de Galicia (Autonome Landesregierung Galiciens), Universität in Santiago de Compostela, Universität Complutense in Madrid (Zentrum für Atomische Spektometrie UCM), Consejo Superior de Investigaciones Científicas (Oberster Rat für Wissenschaftliche Forschungen / Stoffwechsel und Nahrungsfachbereich), Centre d'Études et de Valorisation des Alges (CEVA), Seaweed Resources in Europe.

3. KAPITEL

Mit Atlantikalgen kochen. Ein schon gesalzenes Gemüse

Einführung

Im Absatz „Kurze Geschichte der Nutzung der Algen in der Welt" haben wir schon einige Hinweise auf die Algen gegeben, die in Europa von alters her verzehrt wurden (in Irland, Schottland, Wales und der französischen Bretagne), und auch auf die am weitesten verbreiteten Zubereitungsformen (rohe Dulse, Nori als „laverbread", „bara mor" – Meeresbrot auf Bretonisch, Suppen mit Kombu und Dulse, Desserts mit Irischem Moos ...).

In Galicien ist keine Tradition des Gebrauchs von Algen als Nahrungsmittel verblieben, aber es ist wahrscheinlich, dass sie wie in den eben erwähnten keltischen Ländern verwendet wurden. Gerade keltische Völker genießen eine außergewöhnliche Vielfalt und Reichtum an Algen im europäischen Küstenbereich.

Vor nicht allzu langer Zeit sind die Algen als Gemüse weit von den Küstenzonen entfernt allgemein bekannt geworden, und zwar durch den Einfluss von Asiaten, die sich in unseren Städten niedergelassen haben, und hauptsächlich durch die Restaurants, die sie eröffnet haben.

In der zweiten Hälfte des 20. Jahrhunderts gewann die Makrobiotik – von dem Japaner Georges Ohsawa und seinem Nachfolger Michio Kushi gefördert – in Europa und in Amerika als Bewegung und Lebensphilosophie an Bekanntheit. Diese Bewegung war in den westlichen Ländern ein sehr wichtiger Vorläufer für die Verbreitung der gesundheitlichen Vorteile des Verzehrs von Algen. Der Beitrag der Makrobiotik zur Bekanntmachung und zum Gebrauch der Algen ist unbestritten.

Ein weiterer Weg, über den uns Informationen über die Algen erreicht haben und deren Wertschätzung als Nahrungsmittel publik wurde, sind die Initiativen der erlesenen Restaurants und der avantgardistischen Küchenchefs. Im Falle von Galicien hat insbesondere die Gastronomieschule von Santiago de Compostela eine Vorläuferrolle gespielt, indem sie ihren Studenten beibrachte mit atlantischen Algen zu kochen und entsprechende Menüs anzubieten. Sie wird unterstützt von der Autonomen Landesregierung Galiciens, die offiziell und regelmäßig die gastronomischen

Tagungen über Algen förderte. Das war Anfang der 1990er Jahre. Heute berücksichtigen die berühmtesten Köche Algen in ihren Rezepten und Büchern.

Die Zeit für die Entwicklung einer **europäischen Küche mit europäischen Algen** ist gekommen. – Eine einfache und beliebte Küche: Wir brauchen weder unsere kulinarischen Gewohnheiten zu ändern noch seltene Zutaten einzusetzen. Die Vielfalt an Ressourcen der europäischen gastronomischen Tradition bietet viele Möglichkeiten, Gerichte mit Algen auszuprobieren. Eigentlich gehören die Algen auch dazu, so unbekannt und reichhaltig in Nährwert- und Geschmacksqualitäten wie sie sind.

Der beste Weg, atlantische Algen zu verwenden, muss nicht unbedingt darin bestehen, japanische Gerichte nachzuahmen, sondern sie in unsere kulinarische Tradition aufzunehmen, indem wir eigene Rezepte entwerfen und unsere Nahrung mit neuem Geschmack und Farben bereichern und die Algen mit unseren Speisen kombinieren.

Natürlich können wir auch exotische Gerichte zubereiten, aber wir sollten nicht nur bei besonderen Gelegenheiten mit Algen kochen: Algen sind so vielseitig und haben jederzeit etwas anzubieten, dass wir sie als alltägliche Zutat verwenden können.

Die Rezepte, die wir vorschlagen, sind nur eine kleine Auswahl von unzähligen Möglichkeiten und Zusammenstellungen mit Algen.

Unsere Speisen und die Zubereitung sind (sollten es zumindest sein) etwas sehr Persönliches, Kreatives, ein Ergebnis unseres Instinkts, unserer Inspiration, unserer Intuition und unseres gesunden Menschenverstands. Die Vorstellung, mit Algen zu kochen, soll uns nicht die Ungezwungenheit nehmen, mit der wir unsere alltäglichen Speisen zubereiten. Man braucht ganz einfach nur **eine neue Zutat hinzuzufügen**, mit unseren Gewohnheiten zu experimentieren und auszuprobieren, was und wie es uns besser schmeckt und besser bekommt.

Wir schlagen nur einige Möglichkeiten vor, die wir als anregend, gesund, einfach und leicht nachzumachen betrachten. Wenn Ihnen eine Zutat nicht schmeckt oder sie nicht einfach zu beschaffen ist, können Sie sie durch eine andere ersetzen. Erfinden Sie Ihr eigenes Rezept, fühlen Sie die Freude, sich ein Gericht auszudenken und nach eigener Inspiration zuzubereiten.

Wir brauchen nur den Platz zu finden, den die Algen **in unseren gewöhnlichen Gerichten** haben.

Der Zweck dieses Buches ist es, überall kundzutun, dass wir einen Schatz gefunden haben, der allen gehört, weil er für alle nützlich ist.

Algen sind **Boten des Ozeans** und sein bestgehütetes Geheimnis. Aus der lebensreichen Tiefe des Meeres bringen uns Algen das, was das Meer verkörpert: **Frische, Kraft, Stärke, Frieden, Heiterkeit** und **einen weiten Horizont.**

Frische, Kraft und **Stärke** werden symbolisiert durch das **Jod** (aktiver Stoffwechsel), die löslichen Ballaststoffe (Abbau von Fett und Giften) und die Aminosäure **Phenylalanin** (Reiz).

Ein weiter Horizont wird auch durch Phenylalanin versinnbildlicht (Klarheit).

Frieden und **Heiterkeit** werden repräsentiert durch die Aminosäure Tryptophan (Ruhe) und die Fettsäuren **Omega-3** und **Omega-6** (fließender Kreislauf).

Wie wir sehen werden, überwiegt die Zahl der vegetarischen Rezepte wegen der jahrelangen, positiven Erfahrung der Köche. Jedes Rezept ist einerseits nummeriert, um es einfacher im Inhaltsverzeichnis und in den Tabellen zu identifizieren, und andererseits in den Absatz der betreffenden Algensorte eingeordnet, in einer Reihenfolge, die von den Vor- bis zu den Nachspeisen reicht.

Praktische Grundratschläge

Mit Algen zu kochen kann genauso einfach, schmackhaft und alltäglich sein wie mit jeder anderen Gemüseart, mit dem Unterschied, dass Algen getrocknet sind und eingeweicht werden müssen.

Wegen der Vielfalt der Algen in Textur, Geschmack, Farbe und Nährwert sind sie ein sehr anpassungsfähiges Nahrungsmittel, das gut zu unseren Lieblingsgerichten passt. Wir können mit Algen reizvolle Salate, köstliche Suppen und Cremes, Pürees, Reis, Linsen, Geschmortes, Gebratenes, Pasteten, Pizzen, süße und salzige Torten, Frikadellen, vegetarische Wurstwaren, Desserts usw. zubereiten.

Jedes Gericht kann durch Algen ergänzt werden. Die Zubereitung der Algengerichte ist sehr einfach, wenn wir zwei Grundregeln beachten:

1. **Die Einweich- und Kochzeiten müssen angemessen sein.**
2. **Algen sollten nie mehr als 10 % der Zutaten des Gerichts ausmachen, oder 10 g Trockenalgen pro Person.**

Punkt Nummer 1 bezieht sich darauf, dass jede Algenart eine eigene Konsistenz hat und eine geeignete Kochzeit benötigt, um gar zu werden. Es folgt eine Tabelle mit den empfohlenen Kochzeiten jeder Algensorte.

Punkt 2 hilft uns, einen weit verbreiteten Irrtum bei Anfängern zu vermeiden: eine zu große Menge Algen zu verwenden. **Zwischen 5 und 10 g Trockenalgen pro Person sind genug,** um unsere Speisen anzureichern. Dies kann als eine lächerliche Menge erscheinen, aber wir müssen damit rechnen, dass sich durch das Einweichen im Wasser das Volumen der Algen bis zum Zehnfachen vergrößern kann, das heißt bis auf 50 bis 100 g frische Algen und ein beachtliches Gewicht im Gericht. Mit der Zeit werden wir die richtige Menge herausfinden und mit Algen so selbstverständlich umgehen wie mit jeder anderen Gemüseart.

• **Einweichen**

Zuerst sollten wir kontrollieren, dass keine Muscheln oder Steinchen an den Algen kleben, und diese, wenn nötig, entfernen. Wir können sie eventuell auch kurz unterm Wasserhahn waschen. Danach können die Algen in Wasser eingeweicht werden.

Das **Einweichen** ist nur wirklich nötig, wenn wir die Algen roh essen möchten, obwohl es auch empfehlenswert ist, wenn wir zum ersten Mal mit Algen kochen, damit wir uns daran gewöhnen, wie sie sich innerhalb weniger Minuten vergrößern. Außerdem werden wir beobachten, wie sie ihren ursprünglichen Glanz, die Textur und Größe wiedergewinnen. Andererseits lösen sich durch das Wässern die Blätter, die durch das Trocknungsverfahren aneinanderkleben.

Für Salate wird die Wakame-Alge circa 10 Minuten eingeweicht und die Dulse circa 2 Minuten.

Wir müssen auch beachten, dass, je länger die Einweichzeit ist, desto mehr Mineralstoffe im Einweichwasser verbleiben. Deshalb empfiehlt es sich, das Einweichwasser zu sieben und weiterzuverwenden.

Algen können auch in Obstessig, Zitronensaft, Weißwein, Tomatensauce oder Sojasauce eingeweicht werden, pur oder mit Wasser verdünnt.

- **Kochen**

Wenn wir die Algen für ein gekochtes, geschmortes oder gebratenes Gericht verwenden möchten, müssen sie wie jede andere Gemüsesorte vorbereitet werden, abhängig von ihrer Konsistenz und der vorgesehenen weiteren Zubereitung: Algen können nur **kurz abgebrüht** werden (vor dem Braten oder Schmoren) oder jeweils 5, 20 oder 35 Minuten kochen. Das Kochwasser sollte auf jeden Fall weiterverwendet werden (für Suppen, Reis oder Gemüse), da es reich an Mineralstoffen und Vitaminen ist.

Zwiebeln passen bestens zu **gebratenen** oder **geschmorten** Algen, aber auch jede andere Gemüseart. Auch Reis harmoniert hervorragend mit Algen, die sich ihrerseits wunderbar für Pastetenfüllungen, Pizzen und Gemüsekuchen eignen.

Wenn wir Algen schmoren oder braten möchten, benötigen diese eine viel kürzere **Vorkochzeit**, als wenn wir sie nur gekocht verzehren wollen (ein Drittel der Zeit). Wir müssen auch beachten, dass die Kochzeit sich wesentlich verringert, wenn wir die Algen vor dem Einweichen leicht **rösten** oder sie im Schnellkochtopf garen (was bei Kombu und Nori empfehlenswert ist).

Vorgekochte Algen eignen sich auch zum Einmachen oder für Sülze.

Sehr beliebt sind Algen als Füllung oder Beilage, indem man sie zuerst abbrüht und danach mit Zwiebeln, Tomaten, Paprika und Gewürzen schmort.

Allein oder als Beilage

Wir haben schon vorher erwähnt, dass Algen gerne als Begleiter dienen und dass sie mit verschiedenen Zutaten unserer Küche eine ideale Verbindung eingehen können. Ihr wertvolles Dasein ergänzt, verschönt und verbessert andere Lebensmittel.

Algen stammen ursprünglich aus einer dynamischen, flüssigen und vitalen Umwelt, zwischen unbegrenzten und geheimnisvollen Lebensformen, stets schwingend und schaukelnd, zusammen mit Tausenden von Lebewesen im Ozean. Wie kann eine so gesellige Gemüsesorte allein verspeist werden?

Wegen ihrer Meeresherkunft und ihrer salzigen Natur haben Algen die Eigenschaft, den Geschmack milderer Lebensmittel, wie Reis, Kartoffeln, Nudeln, Mehl oder Gemüse, zu verstärken, indem sie einen Gegensatz zu deren Geschmack, Aroma, Farbe und Textur bilden. Dagegen werden sie bei kräftigen oder scharfen Gerichten unbemerkt bleiben und die Verdauung erleichtern.

Einweich- und Kochzeiten

Einweich- und Kochtabelle

Algenart	Einweichzeit	Kochzeit
Wakame	10 Min., um sie roh zu essen. 2 Min. (optional) zum Kochen.	20 Min.
Dulse	1 Min., um sie roh zu essen oder zu kochen.	5 Min.
Meeresspaghetti	5 Min. (optional).	35 Min.
Kombu	5 Min. (optional). Vorher 5 Min. trocken rösten.	30 Min im Schnellkochtopf. 45 Min nach dem Rösten.
Nori	5 Min. (optional). Vorher 4 Min. trocken rösten.	20 Min. Sofort verwendbar nach dem Rösten.
Agar-Agar	Agar-Flocken, 0 Min. Agar-Streifen, 5 Min. Nur für Salat.	8 Min.
Irisches Moos	5 Min. (optional).	20–35 Min.

! Wussten Sie, dass ...

... die **blassen Stellen**, die getrockneten Algen manchmal aufweisen, **keine Schimmelflecken** sind, sondern die oberflächige Kristallisation der eigenen Salze, die **als Naturkonservierungsstoff wirken**.

Allgemeine Zusammenfassung der Zubereitungsarten

	Roh	Gekocht	Gebraten
Wakame	Salate, kalte Suppen	Suppen, Gemüse, Reis, Getreide, Saucen	Mit Zwiebeln angebraten als Beilage oder Füllung
Dulse	Salate, kalte Suppen, Saucen	Überbrühtes, Gedämpftes	Kurz-gebratenes, Pfannkuchen, Crêpes, Omeletts
Meeresspaghetti	Wie Sauerkraut gegart	Vollkornreis	Mit Zwiebeln angebraten als Beilage oder Füllung, oder paniert wie Tintenfische
Kombu		Lang Gekochtes: Hülsenfrüchte, Brühe, Seitan*- Herstellung und Frikadellen	Mit Zwiebeln angebraten als Beilage oder Füllung
Nori		Vollkornreis, Suppen, Couscous, Gemüse	Omeletts, Kroketten, Frikadellen, Bratlinge
Agar-Agar	Salate	Gelatine und Verdickungs-mittel. Pudding, Marmelade und Konfitüre, Suppencremes, Saucen. Als Ei-Ersatz	
Irisches Moos	Salate	Verdickungsmittel. Suppen, Pürees, Milchnachspeisen, Tees und Erkältungssirup	Rühreier

	Gebacken	Geschmort
Wakame	Pasteten, Röllchen, salzige Kuchen, Pizzen, Brot, Gebäck	Geschmortes
Dulse	Überbackenes	
Meeres-spaghetti	Pasteten, Röllchen, salzige Kuchen, Pizzen	Eintöpfe, Pisto
Kombu	Trocken geröstet vor dem Kochen	Eintöpfe
Nori	Trocken geröstet vor dem Kochen (zerbröckelt auf Salate oder Gemüse gestreut), Über-backenes, Kartoffeln, Fisch, Füllungen	Eintöpfe
Agar-Agar	Torten, süße und salzige Kuchen. Als Ei-Ersatz	
Irisches Moos		Eintöpfe

** Seitan: Seitan ist Weizeneiweiß. Zur Herstellung wird Weizenmehlteig im Wasser so lange geknetet, bis er eine elastische Masse bildet. Erhältlich im Naturkostgeschäft.*

Menütabelle mit nummerierten Rezepten

VORSPEISEN		
Gemüse	3.	Gedünstetes Gemüse mit Wakame und Dulse
	17.	Gurken in Joghurtsauce mit Dulse
	23.	Gedünsteter Blumenkohl mit Kürbis und Dulse
	31.	Brokkoli mit Meeresspaghetti
	33.	„Pisto" mit Meeresspaghetti
	35.	Reis mit Algen, Rosinen und Pinienkernen
	44.	Kombu-Röllchen mit Möhren
	52.	Grüne Bohnen mit Champignons und Nori
	58.	Mit Soja und Nori gefüllte Zucchini
	60.	Möhrenkuchen mit Kokosnuss und Nori
Suppen, Suppen-cremes und Grieß-gerichte	4.	Zucchinicremesuppe mit Wakame
	5.	Kürbiscremesuppe mit Wakame
	6.	Fischsuppe mit Wakame und Nori
	24.	Kalte Rote-Beete-Suppe mit Dulse
	32.	Suppe mit Nori und Meeresspaghetti
	59.	Maisgrieß mit „Pisto" und Nori
Salate, kalte Suppen und Vorspeisen	1.	Gefüllte Tomaten mit Wakame und Dulse
	2.	Gazpacho
	18.	Tropischer Salat mit Dulse und Cocktailsauce
	19.	Wintersalat mit Dulse
	20.	Chicorée-Salat mit Dulse und Agar-Agar
	22.	Avocado-Schiffchen gefüllt mit Meeresfrüchten
	29.	Vorspeise aus gebratenen Meeresspaghetti
	30.	Salatherzen mit Dulse und Meeresspaghetti
	71.	Salat mit Irischem Moos

HAUPTGERICHTE		
Vegetarisches Eiweiß: Tofu und Seitan	15.	Aubergine mit Seitan und Wakame
	16.	Seitanpastete mit Wakame
	27.	Champignonpastete mit Dulse
	28.	Sojapastete mit Dulse
	43.	Seitan mit Meeresspaghetti „Gärtnerin" Art
	61.	Tofu mit Nori in grüner Sauce

Fisch	9. Seeteufel im Wakame-Mantel 10. Seebrasse aus dem Ofen mit Kartoffeln, Wakame und Nori 21. Kabeljausalat mit Dulse 22. Avocado-Schiffchen gefüllt mit Meeresfrüchten 26. Kartoffelkuchen mit Anchovis, Dulse und Nori 36. Mit Meeresfrüchten parfümierter Reis 46. Kombu- und Nori-Kroketten
Hülsenfrüchte	14. Kichererbsen mit Wakame und Kombu 42. Linsen mit Meeresspaghetti und Kombu 50. Weiße Bohnen mit Mangold und Kombu 51. Kichererbsen mit Zwiebeln, Tomaten und Kombu
Omeletts, Kroketten und Bratlinge	45. Tempura mit Kombustreifen 46. Kombu- und Nori-Kroketten 49. Kombuhamburger 53. Norimousse 54. Noriomelett 55. Dreifarbiges Omelett mit Noriflocken 72. Rührei mit Irischem Moos, Zwiebeln und Knoblauch
Reis und Getreide	13. Gebratener Reis mit Wakame 25. Couscous mit Dulse 35. Reis mit Algen, Rosinen und Pinienkernen 36. Mit Meeresfrüchten parfümierter Reis 37. Reis mit farbigen „Croûtons" 56. Couscous mit Gemüse und Nori
Nudeln	7. Wakamecannelloni 8. Auberginenlasagne mit Wakame 57. Nudeln mit Nori und Sesam
Gebackenes	11. Zwiebelkuchen mit Dulse und Wakame 12. Mangoldpasteten mit Wakame 26. Kartoffelkuchen mit Anchovis, Dulse und Nori 38. Meeresspaghettipasteten 39. Pizza mit Nori und Meeresspaghetti 40. Pizza mit Meeresspaghetti 41. Meeresspaghettiquiche (ohne Milch und ohne Ei) 47. Blumenkohlpasteten mit Kombu 48. Kürbispasteten mit Kombu und Nori

<table>
<tr><td colspan="2">NACHSPEISEN</td></tr>
<tr><td>63.</td><td>Quarktorte mit Waldbeeren</td></tr>
<tr><td>64.</td><td>Hafertorte mit Apfelsinen und Trockenfrüchten (ohne Zucker und ohne Fruchtzucker)</td></tr>
<tr><td>65.</td><td>Quarkvulkan mit Ananas</td></tr>
<tr><td>66.</td><td>Mandelpudding (ohne Ei)</td></tr>
<tr><td>67.</td><td>Haselnuss-Agar</td></tr>
<tr><td>68.</td><td>Birnen-Agar</td></tr>
<tr><td>69.</td><td>Kalte Limettenmousseline mit Agar</td></tr>
<tr><td>70.</td><td>Pflaumen- und Apfelcapriccio (ohne Zusatz von Zucker oder Fruchtzucker)</td></tr>
</table>

<table>
<tr><td colspan="2">SAUCEN UND BROTAUFSTRICHE</td></tr>
<tr><td>16.</td><td>Seitanpastete mit Wakame</td></tr>
<tr><td>27.</td><td>Champignonpastete mit Dulse</td></tr>
<tr><td>28.</td><td>Sojapastete mit Dulse</td></tr>
<tr><td>62.</td><td>Auberginendip mit Haselnusssauce und Nori</td></tr>
</table>

Der Großteil dieser Rezepte ist der Zusammenarbeit mit Maria Pilar Ibern (Gavina) zu verdanken, der Autorin des Buches „Las 100 recetas más rápidas de la cocina vegetariana" (Die 100 schnellsten Rezepte der vegetarischen Küche).

Die übrigen Rezepte sind der Mitwirkung folgender Personen zu danken:

- Lola Simón, diplomierte Fachfrau für Ernährung und Ernährungskunde an der Universität Barcelona
- Maria Niubó, Fachfrau für Ernährung und Ernährungskunde
- Carmen Puigfel, Herstellerin von Vollwertpizzen

Wir hoffen, dass Sie die Hingabe spüren können, die für jedes Rezept aufgewendet wurde, und dass Ihnen die Gerichte mindestens so sehr wie uns selbst schmecken werden.

Wie man Wakame zubereitet

Die Wakame ist, wegen ihrer feinen Konsistenz und ihres milden Geschmacks, eine der empfehlenswertesten Algen für Anfänger und auch eine Algenart, die man roh essen kann.

- **Einweichen**

Die Wakame-Alge braucht kaum **10 Minuten** Einweichzeit und kann danach sofort zerkleinert in **Salaten** oder **kalten Suppen** verwendet werden. Man kann sie auch in anderen Flüssigkeiten einweichen (in einer Mischung aus Öl, Zitronensaft und Sojasauce eingeweicht schmeckt Wakame köstlich).

- **Kochen**

Sogar ohne vorher eingeweicht zu werden, wird Wakame schnell gar (**10–20 Minuten**). Wakame eignet sich besonders für **Suppen** oder zu **Gemüse**, wie Brechbohnen, Porree, Möhren, Kartoffeln usw. Auch für **Saucen, zu Nudeln, Reis, Hafer, Polenta und Hirse** passt Wakame bestens. Geschmort mit Zwiebeln gilt Wakame als Beilage oder als Füllung für **Pasteten, Frühlingsrollen, Gemüsekuchen, Pizzen und Omeletts.**

Außerdem kann man Wakamegrieß und -flocken in den Teig von **Brot** oder **salzigem Gebäck** mischen.

Wakame ist die anpassungsfähigste und ergiebigste Algenart.

Rezepte mit Wakame

1. Gefüllte Tomaten mit Wakame und Dulse

Zutaten für 4 Personen
4 große Salattomaten (reif, aber bissfest)
10 g Dulseblätter, in Stückchen geschnitten
10 g Wakameblätter, in Streifen geschnitten
4 Essl. Mais
100 g schwarze Oliven
1 Kopfsalat, in feine Streifen geschnitten
4 rohe Champignons, in Scheibchen geschnitten
1 Apfel, Golden Delicious
Olivenöl
Kräutersalz
Algengewürz
frischer Oregano

Zubereitung
Die Wakame-Alge 10 Minuten einweichen.
Inzwischen die Tomaten mit kaltem Wasser waschen, halbieren, deren Fruchtfleisch entfernen und beiseite legen. Die Tomatenhälften mit den abgetropften Wakameblättern, den Dulse-Stückchen, dem Fruchtfleisch und den restlichen Zutaten füllen. Mit Olivenöl, Kräutersalz und Algengewürz würzen. Mit Oregano bestreuen und für mehrere Stunden im Kühlschrank kalt stellen. Man kann die gefüllten Tomaten mit Majonäse, *Allioli**, Pesto oder Sojasauce servieren.
**Allioli*: Sauce mit Knoblauch und Olivenöl.

Tipp
Diese einfache und farbenfrohe Zubereitungsform von Tomaten ist ideal für heiße Sommertage, um die verlorene Körperflüssigkeit zurückzugewinnen.

2. Gazpacho

Zutaten für 6 Personen
20 g Wakameflocken
1,5 kg reife Tomaten
1 große Salatgurke
1/2 Knoblauchzehe
1/4 Zwiebel
1/3 rote Paprikaschote
5 Essl. Öl
1 geschälte Zitrone
Salz
3 Teel. gemahlene und geröstete Algen oder Algengewürz

Zubereitung
Zuerst Tomaten, Gurke, Zwiebel und Zitrone in einem Mixer pürieren. Wakame zugeben und 10 Minuten aufweichen lassen. Die restlichen Zutaten zufügen und kalt stellen. Kühl servieren.

3. Gedünstetes Gemüse mit Wakame und Dulse

Zutaten
500 g Kürbis (gewogen mit Schale und Kernen)
2 mittelgroße Möhren
2 kleine Rote Bete
4 Kohlblätter
5 g Wakame
5 g Dulse

Zubereitung
Nach Wunsch die Wakame-Alge 2 Minuten einweichen.
Das Gemüse in 1 bis 2 cm große Stücke schneiden. Zusammen mit der Wakame in einem Topf 20 Minuten lang dämpfen. Vom Herd nehmen, die Dulse-Alge zugeben und zugedeckt 5 Minuten einweichen lassen. Mit Olivenöl, Mandel- oder Hasselnusssauce servieren. Passt zu Vollkornreis mit Knoblauch und Lorbeerblatt.

Vollkornreiszubereitung
1 Teil Reis
3 Teile Wasser, kalt
2 oder 3 Knoblauchzehen
1 oder 2 Lorbeerblätter
Alle Zutaten zusammen in einem Topf gar kochen (ca. 30 Minuten).

4. Zucchinicremesuppe mit Wakame

Zutaten für 4 Personen
10 g in Streifen geschnittene Wakame
1 kg Zucchini, in Würfel geschnitten
1 Zwiebel, in feine Scheiben geschnitten
250 g Kartoffeln, in Würfel geschnitten
1 Möhre, in Würfel geschnitten
100 ml Schlagsahne (oder Sojasahne)
nach Wunsch eine Scheibe dänischer Käse oder geriebener Parmesankäse
geriebene Muskatnuss und weißer Pfeffer

Zubereitung
In einem Topf mit dickem Boden die Zwiebel in Öl glasig dünsten. Zucchini, Wakame, Kartoffeln und Möhre zufügen, kurz anbraten. Ein Liter kochendes gesalzenes Wasser zugeben und 15 Minuten kochen. Die Sahne, eventuell Käse, Muskatnuss und Pfeffer zugeben und pürieren.

Tipp
Diese Cremesuppe lässt sich jeder Jahreszeit anpassen. Im Sommer kann sie als Vorspeise kalt serviert werden. Im Winter kann man sie heiß, als kalorienreiche Speise mit gerösteten Sesamsamen oder in Öl frittierten Vollkornbrotwürfeln servieren.

5.   Kürbiscremesuppe mit Wakame

Zutaten für 4 Personen
10 g Wakameblätter
500 g Kürbis, geschält und in Würfel geschnitten
2 Zwiebeln, in feine Scheiben geschnitten
1 Selleriestängel
1 Weiße Rübe
1 Essl. Haferflocken
1 Essl. Butter
100 ml Milch (evtl. Hafer- oder Sojamilch)
weißer Pfeffer und geriebene Muskatnuss
Sojasauce
geröstete Sesamsamen oder Sesamsalz

Zubereitung
In einem Topf mit dickem Boden die Zwiebeln in Öl glasig dünsten. Gemüse, Algen und Haferflocken zufügen und mit der doppelten Menge an kochendem Wasser bedecken. 15 bis 20 Minuten kochen und mit dem Mixer pürieren. Milch und Butter zugeben. Mit Pfeffer, Muskatnuss und Sojasauce würzen. Mit Sesamsalz oder geröstetem Sesamsamen garniert servieren.

Kürbiscremesuppe mit Wakame – Rezept Nr. 5

6. Fischsuppe mit Wakame und Nori

Zutaten für 4 Personen
10 g Wakameblätter
1 Teel. Noriflocken
2 Scheiben frischer Seehecht
1 Seeteufelkopf
nach Wunsch Miesmuscheln
200 g Parboiled Reis
2 Knoblauchzehen, fein gehackt
1 Essl. Rosenpaprika
1 Stange Porree, in feine Scheiben geschnitten
1 Teel. Kräutersalz oder Algengewürz
gehackte Petersilie
nach Wunsch Sojasauce

Zubereitung
Zuerst wird eine leichte Brühe zubereitet. In einem Topf mit dickem Boden die gehackten Knoblauchzehen in Öl glasig dünsten. Sofort Paprika hinzufügen und rühren. Porree und Seeteufelkopf zugeben. Rühren und mit kochendem Wasser bedecken. 10 Minuten kochen lassen und den Fischkopf herausnehmen. Reis, Algen und Seehecht zugeben und 10 Minuten weiterkochen. Die Miesmuscheln in Dampf so lange kochen, bis sich die Schalen öffnen. Das Muschelfleisch aus den Schalen lösen und in die Suppe geben. Den Seehecht zerbröckeln und Gräten und Haut entfernen. Mit gehackter Petersilie bestreut (und eventuell Sojasauce) servieren.

7. Wakamecannellon

Zutaten
20 g Wakameblätter
4 Kohlblätter
5 Möhren
1 Zucchini
1 Knoblauchzehe
1 Tomate
Cannelloniröllchen

Für die Mandelsauce
2 reife Tomaten oder Tomatenpüree
Mandelpüree oder -creme

Zubereitung
Das Gemüse klein schneiden und in Öl dünsten. Die Wakame-Algen 15 Minuten kochen und danach zum Gemüse geben und 5 Minuten weitergaren. Für die Sauce die Tomaten im Mixer pürieren oder Tomatenpüree nehmen und mit dem Mandelpüree oder der -creme im Mixer vermischen.
Die Cannelloni kochen und mit der Gemüse-Algen-Mischung füllen. In eine Auflaufform legen, die Sauce gleichmäßig über die Cannelloni verteilen und im Backofen überbacken, bis die Sauce goldbraun wird.

Tipp
Man kann dasselbe Gericht auch mit der klassischen Béchamelsauce zubereiten.

8. Auberginenlasagne mit Wakame

Zutaten für 6 Personen
2 mittelgroße Auberginen
30 g Wakame, in feine Streifen geschnitten
1 Zucchini
1 rote Paprikaschote
1 große Zwiebel
500 g pürierte Tomaten
100 g Sojaprotein
Kräutersalz
Lasagne-Blätter
nach Wunsch eine Scheibe dänischer Käse oder geriebener Parmesankäse

Zubereitung
Algen und Sojaprotein in einer Schüssel mit Wasser bedecken und 10 Minuten einweichen lassen. Inzwischen die Lasagne-Blätter in kochendes Salzwasser mit einem Schuss Öl geben und köcheln lassen. Damit sie nicht aneinanderkleben, ist es empfehlenswert, sie einzeln waagerecht ins Wasser zu geben, als ob es Spielkarten wären. Ab und zu rühren und wenn sie gar sind, unter kaltem Wasser abschrecken.

Für die Füllung werden die Auberginen in Würfel geschnitten, gesalzen und in einem Sieb beiseitegestellt, damit der giftige Saft, den sie enthalten, abtropft. Die Zucchini längs halbieren und dann in Scheiben schneiden. Die Paprikaschote in Streifen und die Zwiebel in feine Scheiben schneiden. Die Zwiebelscheiben in einer Pfanne mit Öl bei schwacher Hitze und zugedeckt glasig dünsten, Zucchini und Paprika zugeben und 5 Minuten später die Auberginen, das Sojaprotein und die abgetropften Algen hinzufügen. Zugedeckt 8 Minuten weiterdünsten. Wenn das Gemüse gar wird und seinen eigenen Saft abgegeben hat, die Hälfte der Tomaten zugeben und 5 Minuten schmoren lassen, bis eine dicke Sauce entsteht.

In eine Auflaufform eine Schicht Lasagne-Blätter einlegen, darauf die Gemüsefüllung geben – mehrmals wiederholen. Zum Schluss mit der zweiten Hälfte Tomatenpüree bedecken und mit dänischen Käsescheiben oder mit geriebenem Parmesankäse bestreuen. Den Auflauf 10–15 Minuten bei circa 220 Grad im vorgeheizten Backofen überbacken.

Tipp
Diese nahrhafte Lasagne ist ideal als Hauptgericht, nach einem bunten Salat als Vorspeise. Die Lasagne kann im Voraus zubereitet und erst vor dem Servieren überbacken werden.

9. Seeteufel im Wakame-Mantel

Zutaten für 6 Personen
1,2 kg frischer Seeteufel
30 g Wakameblätter, in Streifen geschnitten
1 Zwiebel
Rosenpaprika
1/2 l Milch (oder Sojamilch)
Salz
2 Möhren, gerieben
1 Kopfsalat

Für die Majonäse
1 Ei
200 ml Olivenöl
1 Schuss Zitronensaft
Salz

Zubereitung
Den Seeteufel halbieren, die Mittelgräte herausnehmen, die Haut abziehen und 20 Minuten in einer Schüssel mit den Algen und der Milch einweichen lassen. Danach mit einem Baumwolltuch trocken tupfen, von beiden Seiten mit Paprika würzen und eine Rolle formen, die mit Küchengarn umbunden wird.

In einem Topf die Milch mit den Algen erhitzen und die Fischrolle darin circa 10 Minuten bei schwacher Hitze köcheln lassen. Seeteufel wird schnell gar: Wenn er zu lange kocht, wird das Fleisch hart und rau. Algen und Fisch abtropfen und abkühlen lassen.

Für die Majonäse das Ei mit Zitronensaft und Salz verrühren und das Öl nach und nach mit einem Schneebesen oder Handrührgerät untermischen, immer nur so viel Öl zugeben, wie die Eimasse aufnehmen kann. Eventuell mit Salz abschmecken.

Zum Servieren eine Krone aus fein geschnittenem Salat und geriebenen Möhren formen, die Rolle darauflegen und mit der Majonäse anrichten.

Tipp
Dieses elegante Gericht ist für ein Fest- oder besonderes Essen geeignet. Es schmeckt so fein und apart, dass man das Gefühl hat, Languste zu essen.

10. Seebrasse aus dem Ofen
mit Kartoffeln, Wakame und Nori

Zutaten für 6 Personen
eine ca. 1,2 kg frische Seebrasse
2 Wakameblätter, in Stücke geschnitten und 1 Minute im Ofen geröstet
2 Essl. Noriflocken
1 kg Kartoffeln
2 rote Zwiebeln, in feine Scheiben geschnitten
1 Zitrone
2 reife Tomaten
1 Bund Petersilie
Salz und Pfeffer
nach Wunsch ein Schuss Weißwein
Olivenöl

Zubereitung
Die Seebrasse unter fließendem Wasser gründlich waschen und entschuppen. Auf einem Backblech schichtweise nacheinander die geschälten und in feine Scheiben geschnittenen Kartoffeln, die Zwiebelscheiben, die halbierte Tomate und die Wakamestückchen legen. Das Ganze mit Öl beträufeln und mit Salz, Pfeffer und gehackter Petersilie bestreuen. Den Fisch daraufgeben, seitlich einschneiden und mit Zitronenscheiben füllen. Mit Öl beträufeln und Salz, Pfeffer und Nori darüberstreuen. Im vorgeheizten Backofen bei 150 Grad 20 Minuten backen. Dabei ab und zu den Fisch mit Öl angießen und eventuell Weißwein hinzufügen. Der Alkohol wird durch die Hitze verdunsten und einen köstlichen Geschmack hinterlassen.

Tipp
Man kann dieses Gericht genauso gut mit Seehecht, Thunfisch oder Lachs zubereiten. Gebackener Fisch ist intensiver im Geschmack als gebratener oder gedämpfter. Als Beilage empfehlen wir einen bunten Salat.

11. Zwiebelkuchen mit Dulse und Wakame

Zutaten für 6 Personen

Für den Teig
300 g Mehl, Typ 1050
150 g kalte Butter
Wasser und Salz

Für die Füllung
10 g Wakameblätter
10 g Dulseblätter
4 große Eier
125 ml Sahne
3 große, rote Zwiebeln, in feine Scheiben geschnitten
2 Essl. Sojasauce
Öl, Salz, geriebene Muskatnuss und weißer Pfeffer
eine Handvoll leicht geröstete Sesamsamen

Zubereitung
Das Mehl mit einer Prise Salz in eine Schüssel geben und die kalte Butter darüberreiben. Wasser hinzufügen und leicht verkneten. Der Teig soll nicht zu sehr verknetet werden, damit er mürbe und knusprig wird. Den Teig zu einem Kreis von circa 28 cm Durchmesser ausrollen und in eine Kuchenform (22 cm Durchmesser) legen. Aus dem überstehenden Teig eine lange Rolle formen und an dem Kreis entlangkleben. Den Teig mit einer Gabel mehrmals einstechen und mit trockenen Hülsenfrüchten bedecken, damit er nicht aufgeht. Bei 180 Grad 10 Minuten vorbacken. Aus dem Ofen nehmen, die Hülsenfrüchte entfernen und mit der Zwiebelmasse füllen.

Füllung
Die Wakame-Alge in einer Schüssel mit etwas Wasser und Sojasauce 10 Minuten einweichen. Inzwischen die Zwiebeln in einer Pfanne mit Öl

Zwiebelkuchen mit Dulse und Wakame – Rezept Nr. 11

glasig dünsten, die abgetropften Wakame- und Dulseblätter hinzufügen und 2 Minuten weiterdünsten. Die Eier in einer Schüssel schlagen, bis sie schaumig werden. Mit der Sahne, dem Salz, dem Pfeffer und der Muskatnuss verquirlen, Algen und Zwiebeln zuletzt zugeben. Die Füllung auf dem Teig verteilen und 20 Minuten backen. Aus dem Backofen nehmen und mit gerösteten Sesamsamen bestreut servieren.

Tipp
Dieser Kuchen (in der französischen Küche als „Quiche" bekannt) eignet sich für ein sommerliches Fest, zu welchem die Gerichte im Voraus zubereitet werden.

12. Mangoldpasteten mit Wakame

Zutaten

Für den Teig	**Für die Füllung**
500 g Mehl	20 g Wakameblätter, in Streifen geschnitten
100 ml Olivenöl	1 kg Mangold, gewaschen und in Stücke geschnitten
30 g frische Hefe	4 Knoblauchzehen, gehackt
Wasser und Salz	eine Handvoll Pinienkerne
	eine Handvoll Rosinen
	1 Teel. Curry
	2 hartgekochte Eier, auf einer groben Reibe gerieben

Zubereitung

Das Mehl mit Wasser und der Hefe vermengen. Das Öl und das Salz dazugeben und zu einem geschmeidigen Teig kneten. Den Teig zudecken und an einem warmen Ort etwa 20 Minuten ruhen lassen. Danach den Teig nochmals kneten und die Hälfte auf einem rechteckigen Blech ausrollen. Mit der Mangoldmischung gleichmäßig füllen und mit der zweiten Hälfte des Teigs bedecken. Mit einer Gabel mehrmals einstechen und im Backofen bei 180 Grad circa 15 Minuten backen.

Für die Füllung werden die Wakameblätter 10 Minuten in Wasser eingeweicht. Zunächst die Knoblauchzehen, die Pinienkerne und die Rosinen mit dem Curry glasig andünsten. Den Mangold, die Algen und Salz dazugeben und bei schwacher Hitze schmoren. Mit den geriebenen Eiern vermischen.

Tipp

Diese Pastete ist schmackhaft und fettarm und vorzüglich geeignet als Abendbrot oder als Hauptgericht für ein Mittagessen im Freien.

13. Gebratener Reis mit Wakame

Zutaten

1 große Zwiebel, klein gewürfelt
1 Möhre, in feine Streifen geschnitten
20 g Wakame
1 Zweig Sellerie, klein gewürfelt
350 g gekochter Vollkornreis
2 Essl. frischer Ingwer, gerieben
40 Mandeln, geröstet und gehackt
Öl
2 Essl. Sojasauce

Zubereitung

Wakame 10 Minuten einweichen.

In einer Pfanne mit Öl die Zwiebel 5 bis 7 Minuten glasig dünsten. Sellerie und 1 Essl. Sojasauce zugeben und 5 Minuten weiterdünsten. Reis, 3 bis 4 Essl. Wasser, 1 Essl. Sojasauce und den Ingwer hinzufügen und vermischen. Unter ständigem Rühren 2 oder 3 Minuten schmoren lassen. Die gehackten Mandeln dazugeben und servieren.

14. Kichererbsen mit Wakame und Kombu

Zutaten für 4 Personen
500 g Kichererbsen, über Nacht eingeweicht
1 Blatt Wakame, in Streifen geschnitten
1 Blatt Kombu, in Streifen geschnitten
1 Kohl, in feine Streifen geschnitten
1 Knoblauchknolle
1 Teel. Curry
1 Teel. Cumin, gemahlen
1 Teel. Rosenpaprika
einige Streifen rote Paprikaschote, scharf eingelegt
Öl

Zubereitung
Das Kombublatt im Ofen oder in einer Pfanne ohne Fett 5 Minuten rösten, bis es knusprig wird.

Eine Messerspitze Cumin, das Kombublatt und die Kichererbsen in einem Topf mit reichlich lauwarmem Wasser zum Kochen bringen und etwa 45 Minuten garen. Erst dann salzen und abtropfen.

Inzwischen in einem Topf (am besten ein Tontopf) das Öl erhitzen und die Knoblauchknolle zusammen mit dem Curry, dem Cumin und der Paprika goldbraun werden lassen. Das Wakameblatt und den Kohl dazugeben und bei schwacher Hitze 10 Minuten schmoren lassen. Salzen und 5 Minuten weiterschmoren.

Vom Herd nehmen, die Kichererbsen und die Kombu-Alge daruntermischen und kurz ruhen lassen, damit sich das Aroma der Gewürze entfaltet. Mit den eingelegten Paprikastreifen garniert heiß servieren.

Tipp
Die Algen und die Gewürze fördern die Verdauung dieses kräftigen Gerichtes.

Kichererbsen mit Wakame und Kombu – Rezept Nr. 14

15. Aubergine mit Seitan und Wakame

Zutaten für 2 Personen
1 mittelgroße Aubergine (300 g)
1 Zwiebel
100 g Seitan
1 Tomate oder 5 Essl. Tomatenpüree
10 g Wakame
3 Essl. Olivenöl

Zubereitung
Die Auberginen längs halbieren und aushöhlen. Das Auberginenfleisch klein würfeln und beiseitestellen. Die Auberginenhälften etwa 5 Minuten kochen. Die Wakame 5 Minuten einweichen.
Zwiebel in Öl glasig dünsten, das Auberginenfleisch dazugeben. Die Tomate und die Wakame klein schneiden, den Seitan würfeln, beides hinzufügen und 5 Minuten schmoren lassen. Die Auberginenhälften mit der Mischung füllen und eventuell mit geriebenem Käse bestreuen. Im Backofen circa 2 bis 4 Minuten überbacken.

16. Gekörnter Seitan mit Wakame

Zutaten
1 Seitankugel
1 Zwiebel, in feine Streifen geschnitten
2 Scheiben dänischer Käse
1 Bund Thymian
20 g Wakameblätter
Olivenöl
Kräutersalz oder Algengewürz

Zubereitung
Die Wakameblätter 10 Minuten einweichen, abtropfen lassen und beiseitestellen.
Die Zwiebel mit Salz in einer Pfanne bei schwacher Hitze in Öl glasig dünsten. Den Seitan würfeln und zusammen mit dem Thymian und den in Stücke geschnittenen Wakameblättern zugeben. Zugedeckt 5 Minuten kochen. Den Käse hinzufügen und das Ganze pürieren.

Tipp
Die Zubereitung dieses Gerichts ist sehr mühsam, aber ihr Nährwert ist sehr hoch, so dass sich die Mühe lohnt. Das Zusammenspiel aus Seitan und Wakame ergibt ein vollkommenes Gericht, reich an leicht aufnehmbaren Proteinen und außerdem an Kalzium, Magnesium, Jod, Phosphor, Ballaststoffen ... Man kann die Pastete als Brotaufstrich oder als Füllung für Cannelloni oder Lasagne verwenden.

Gekörnter Seitan mit Wakame – Rezept Nr. 16

Wie man Dulse zubereitet

Dulse ist die zarteste und weichste Algenart, die man roh essen kann. Man kann sie sogar trocken kauen, wie die alten Kelten es taten. Zuerst sollten wir die Dulseblätter kontrollieren, ob Muscheln oder Sand daran haften, und eventuell unter fließendem Wasser säubern.

- **Einweichen**

Die Dulse-Alge muss nur 1 oder 2 Minuten in Wasser eingeweicht werden. Danach wird sie roh in Stücke geschnitten und zu den Zutaten des Gerichtes gegeben. Dulse macht Salate reicher an Farbe, Geschmack und Aroma. Dem Gazpacho (siehe Rezept Nummer 2) gibt Dulse eine pikante Note. Dulse ist auch für Soßen sehr geeignet.

- **Kochen**

Dulse ist sofort gar und deshalb ideal für schnelle Gerichte. Die Alge wird nur abgebrüht oder am Ende der Garzeit zu Suppen, Nudeln, gedünstetem Gemüse, Beilagen, Couscous, Überbackenem oder Fisch gegeben. Dulse ist auch für Omeletts, Rührei und Pfannkuchen geeignet.

Rezepte mit Dulse

17. Gurken in Joghurtsauce mit Dulse

Zutaten für 4 Personen
2 große Salatgurken, unregelmäßig geschält und in Scheiben geschnitten
1 Salatkopf, in feine Streifen geschnitten
1 rote Paprikaschote, in Ringe geschnitten
100 g schwarze Oliven

Für die Sauce
20 g Dulseblätter
250 g Joghurt (wenn möglich Ziegenmilchjoghurt)
einige Blätter Minze, frisch gehackt
4 Essl. Olivenöl
weißer Pfeffer, frisch gemahlen
Muskatnuss, frisch gemahlen
4 Nüsse, gehackt

Zubereitung
Zuerst wird die Sauce zubereitet, damit sie lange genug ziehen kann und der Joghurt das Aroma der Algen und der Minze aufnimmt. In einer Schüssel den Joghurt und die restlichen Zutaten der Sauce vermischen und mindestens 15 Minuten im Kühlschrank abkühlen.
Auf eine Schale die Gurkenscheiben in gleichmäßigen Reihen legen und harmonisch dazwischen die Paprikaringe, die Salatstreifen und die Oliven. Mit der Joghurtsauce anrichten und kühl servieren.

Tipp
Dieser Salat ist für heiße Sommertage geeignet. Sowohl die Gurken als auch der Joghurt spenden Flüssigkeit und erneuern die Darmflora. Man kann die Sauce im Voraus zubereiten und den Salat erst kurz vor dem Essen anrichten.

18. Tropischer Salat mit Dulse und Cocktailsauce

Zutaten für 4 Personen
1 Eisbergsalat, in feine Streifen geschnitten
20 g Dulseblätter
4 Essl. Mais
2 Scheiben Ananas, frisch und gewürfelt
1 Avocado, gewürfelt
1 süße Apfelsine, gewürfelt
1 Rote Bete, gekocht und mit Kuchenförmchen
in Blumenform geschnitten

Für die Cocktailsauce
Olivenöl
1 Ei
1 Essl. Senfsamen
1/2 Rote Bete, fein geraspelt

Zubereitung
Zuerst die Dulseblätter in einer Schüssel mit etwas Olivenöl und Zitronensaft 2 Minuten einweichen. Die Algen herausnehmen und mit der Zitronen-Öl-Mischung, dem Ei und einer Prise Salz zu einer Majonäse verquirlen. Zuletzt die geraspelte Rote Bete und die Senfsamen hinzufügen und untermischen.
In einer Schale Salatstreifen, Ananas, Apfelsine, Mais, Rote Bete und Avocado (mit Zitronensaft beträufelt, damit sie nicht braun wird) in Form einer Krone anrichten. Die Dulse in die Mitte setzen. Mit der Sauce garnieren und kühl servieren

Tipp
Dieser leichte, nahrhafte und erfrischende Salat ist als Sommergericht gedacht. Zu getoastetem Brot und vegetarischen Pasteten entspricht dieses Gericht einem Hauptgericht.

19. Wintersalat mit Dulse

Zutaten für 4 Personen
15 g Dulse
1 Endiviensalat
2 Möhren
2 Tomaten
1 Zweig Sellerie
3 Handvoll gemischte Keimlinge
5 Nüsse
Zitronensaft
Olivenöl
Basilikum

Zubereitung
Die Dulse 5 Minuten in Wasser einweichen. Den Endiviensalat klein schneiden und die Möhren raspeln. Tomaten und Sellerie in Stücke schneiden. Die Nüsse hacken.
Alle Zutaten in eine Schüssel geben, vermischen und mit Öl, Zitronensaft und Basilikum anrichten.

Tipp
Man kann diesen Salat auch mit Mandelsauce oder mit *Allioli* anrichten.

20. Chicorée-Salat mit Dulse und Agar-Agar

Zutaten für 4 Personen
4 Chicorée
1 Möhre, geraspelt
1 grüne Paprikaschote, in Streifen geschnitten
1 rote Paprikaschote, in Streifen geschnitten
1 Omelett, in feine Streifen geschnitten
nach Wunsch 2 Essl. Sauerkraut

Für die Sauce
einige Dulseblätter, in Stückchen geschnitten
1 Essl. Agarflocken
1 Essl. Bierhefe
1 Essl. Miso (gesäuerte Sojapaste)
1 Essl. grober Senf
Olivenöl

Zubereitung
Wir empfehlen, den Salat in einzelnen Portionen zu servieren, mit einer sorgfältigen Anrichtung.
Den Chicorée in kaltem Wasser waschen und auf einer Schale einen Fächer aus den Blättern formen. Die restlichen Zutaten in den freien Raum zwischen den Blättern garnieren.
Für die Sauce das Öl mit dem Senf, dem Miso, 1 Essl. Wasser und den Agarflocken in einem Topf unter ständigem Rühren vermischen, bis eine dicke Sauce entsteht. Die Dulse zugeben, untermischen und 10 Minuten beiseitestellen, damit das Öl das Aroma der Algen aufnimmt.
Die Sauce in einer kleinen Schüssel servieren, damit jeder seinen Salatteller selbst anrichten kann.

Chicorée-Salat mit Dulse und Agar Agar – Rezept Nr. 20

Tipp
Dieser Salat bietet uns die Möglichkeit zu zeigen, wie die Küche ein Kunstwerk schaffen kann und eine augenfällige Quelle für Kreativität wird.

21. Kabeljausalat mit Dulse

Zutaten für 4 Personen
20 g Dulseblätter
2 große Kartoffeln, geschält und gewürfelt
2 Möhren, gewürfelt
250 g grüne Bohnen, in Stücke geschnitten
200 g Kabeljau, gekocht und zerkleinert
einige Streifen eingelegte Paprikaschote
2 hartgekochte Eier, auf einer groben Reibe gerieben

Für die Majonäse
200 ml Olivenöl
1 Ei
Zitronensaft
Kräutersalz oder Algengewürz

Zubereitung
In einem Dampfkochtopf das Gemüse bissfest kochen, abkühlen lassen und in den Kühlschrank stellen. Die Algen 5 Minuten in etwas Öl und Salz oder Sojasauce einweichen. Mit den angegebenen Zutaten eine leichte Majonäse zubereiten, die mit dem Fisch und dem Gemüse vermischt wird. Den Salat in eine Schale geben und mit den geriebenen Eiern, den Dulseblättern und den Paprikastreifen garnieren. Kühl servieren.

22. Avocado-Schiffchen gefüllt mit Meeresfrüchten

Zutaten für 4 Personen
4 Avocados
10 g Dulseblätter
1 Essl. Nori-Algen
1 Essl. Agar-Agar-Flocken
4 frische Garnelen
1 Stange Sellerie, in Stücke geschnitten
1/2 Eisbergsalat, in feine Streifen geschnitten
2 Essl. Mais
etwas Schnittlauch
Öl
Sojasauce
Saft einer halben Pampelmuse

Für die Vinaigrette
Olivenöl
Kräutersalz oder Algengewürz
1 Essl. aromatischer Essig
1 Knoblauchzehe, fein gehackt

Zubereitung
Zuerst die Algen in 6 Essl. Öl und 3 Essl. Sojasauce 10 Minuten einweichen. Inzwischen die Avocados längs halbieren und mit einem Löffel aushöhlen. Die Schalen beiseitestellen und das Fruchtfleisch würfeln. Das Avocadofleisch, den Salat, den Schnittlauch, den Sellerie und den Mais in eine Schüssel geben, vermischen und mit dem Pampelmusensaft begießen, damit das Ganze nicht braun wird. Die Avocadoschalen mit dem Salat füllen und mit den gekochten Garnelen garnieren.

Für die Sauce die Einweichmischung der Algen mit Essig, gehackter Knoblauchzehe und Salz verquirlen und die Avocado-Schiffchen damit begießen und kalt stellen.

Tipp
Dieses Gericht ist eiweiß- und kalorienreich und passt zu einer vegetarischen „Paella".

23. Gedünsteter Blumenkohl mit Kürbis und Dulse

Zutaten
5 g Dulse
1 mittelgroßer Kürbis
1 Blumenkohl
Algengewürz oder Kräutersalz
Olivenöl

Zubereitung
Den Kürbis schälen und in kleine Stücke (1 bis 2 cm) schneiden. Den Blumenkohl waschen. Beides in einen Dampfkochtopf geben und 10 Minuten kochen. Die Dulse klein schneiden, über das Gemüse geben und zugedeckt 5 bis 8 Minuten einweichen lassen. Mit Olivenöl beträufeln und mit Algengewürz oder Kräutersalz würzen.

24. Kalte Rote-Bete-Suppe mit Dulse

Zutaten
10 g Dulseblätter
1 kg Rote Bete
200 ml Schlagsahne (oder Sojacreme)
1 Joghurt
1 Knoblauchzehe
Saft einer halben Zitrone
weißer Pfeffer
Kräutersalz oder Algengewürz
Schnittlauch

Zubereitung
Die Rote Bete ungeschält waschen und in kochendem Wasser mit einer Prise Salz so lange kochen, bis sie weich werden und die Haut sich leicht ablösen lässt. Danach abtropfen und bei Zimmertemperatur abkühlen lassen. Sahne, Joghurt, Knoblauch, Zitronensaft, Dulse und Gewürze zu der geschälten Roten Beete geben und mit dem Mixer pürieren, bis eine cremige Suppe entsteht. In den Kühlschrank stellen und mit frischen Schnittlauchröllchen garniert servieren.

Kalte Rote-Beete-Suppe mit Dulse – Rezept Nr. 24

25. Couscous mit Dulse

Zutaten für 6 Personen
20 g Dulse, klein geschnitten
350 g Couscous
Olivenöl
1 Teel. Algengewürz
1 Zucchini, längs halbiert und in Scheiben geschnitten
1 Möhre, längs halbiert und in Scheiben geschnitten
1 Weiße Rübe, gewürfelt
1 große Zwiebel, gewürfelt

Zubereitung
Das Gemüse in einem Dampfkochtopf 20 Minuten kochen. Den Couscous und die Dulse-Alge in eine Schüssel geben und beides knapp mit der Brühe des Gemüses bedecken. Nach 5 Minuten 4 Essl. Öl hinzufügen und den Couscous mit einem Löffel rühren, damit er luftig und locker bleibt. In einem Tonteller servieren: Den Couscous mit den Algen in Vulkanform anrichten und das Gemüse auf den Krater legen.

Tipp
Dies ist eine schnelle und einfache Art, Couscous zuzubereiten. Man kann das Gemüse geschmackvoller machen, indem man es mit Öl andünstet und zugedeckt bei schwacher Hitze schmort. Wenn man dem Gericht eine orientalische Note geben möchte, kann man den Couscous mit Curry, Koriander oder Paprika färben. Die Gewürze nach unserer Laune zu variieren ... kann sehr anregend sein!

26. Kartoffelkuchen mit Anchovis, Dulse und Nori

Zutaten für 4 Personen
1 Essl. Noriflocken
1 Essl. Agarflocken
10 g Dulseblätter, klein geschnitten
1 kg Kartoffeln
200 ml heiße Milch
1 Essl. Butter
Salz, geriebene Muskatnuss und weißer Pfeffer
1 große Zwiebel
6 Anchovis
1 Paprikaschote, gebraten und in Streifen geschnitten
1 Salat, in feine Streifen geschnitten
100 g Oliven ohne Kern, in Scheibchen geschnitten
1 hartgekochtes Ei, klein geschnitten
etwas gekeimte Luzerne
Öl
Senf

Zubereitung
Zuerst einen Kartoffelbrei zubereiten, indem man die Kartoffeln und die
Zwiebeln dämpft und mit einer Püreepresse püriert. Ein bisschen Butter
und heiße Milch zufügen, damit der Brei fein und cremig wird. Mit frisch
gemahlenem weißem Pfeffer und Muskatnuss würzen.
Den Brei mit Hilfe einer Gabel auf einem feuchten Tuch in rechteckiger
Form verteilen. Anchovis, Salat, Paprikastreifen, den Großteil Dulse, die
Oliven und das Ei darübergeben und mit Hilfe des Tuches das Rechteck
zu einer Rolle von circa 15 oder 20 cm Durchmesser aufrollen. Im Kühlschrank lagern.
Die Nori-Alge in einer Pfanne ohne Fett rösten, bis sie knusprig wird
(circa 3 Minuten). Danach zusammen mit dem Agar-Agar 10 Minuten kochen. Lauwarm werden lassen und mit Öl, Senf und der restlichen Dulse

im Mixer zu einer Sauce verquirlen. Die Rolle mit einem Küchenpinsel mit der Sauce bestreichen. Auf einer Platte einen Ring aus fein geschnittenem Salat und Nestern aus Luzernekeimlingen anrichten und die Rolle in die Mitte geben. Kühl servieren.

27. Champignonpastete mit Dulse

Zutaten
20 g Dulseblätter
500 g Champignons
2 Knoblauchzehen
2 Scheiben dänischer Käse
Kräutersalz oder Algengewürz
Olivenöl
1 Prise weißer Pfeffer
1 Prise Rosenpaprika

Zubereitung
Die Champignons waschen und klein schneiden. Zusammen mit den Dulseblättern und dem Knoblauch in einer Pfanne mit Öl anbraten, mit Kräuter- oder Algensalz würzen. Ohne Deckel so lange weiterbraten, bis die Champignons die Flüssigkeit aufgenommen haben. Danach Champignons, Käse, Pfeffer und Rosenpaprika in ein Gefäß geben und mit dem Handrührgerät mixen, bis die Mischung Pastetenkonsistenz erreicht. In eine Schüssel geben und mit Rosenpaprika garnieren.

Tipp
Diese Champignonpastete ist als Brotaufstrich geeignet, genau wie die Auberginenpastete. Man kann sie in Gläser füllen und im Wasserbad kochen, damit sie länger hält.

28. Tofupastete mit Dulse

Zutaten
10 g Dulseblätter
250 g Tofu
1 Teel. Miso (gesäuerte Sojapaste)
3 Essl. Olivenöl

Zubereitung
Die Dulseblätter in Wasser (nur so viel, dass sie gerade bedeckt sind) 5 Minuten einweichen. In einem Topf Tofu, Miso, Öl und Dulse und das Einweichwasser mit dem Handrührgerät mischen, bis sie Pastetenkonsistenz erreichen.

Tipp
Diese Pastete ist sehr einfach zuzubereiten sowie nahrhaft und schmackhaft, geeignet als Brotaufstrich.
Sie ist empfehlenswert für Menschen, die einen hohen Cholesterinspiegel haben und eine strenge Diät halten müssen. Diese leckere Pastete enthält keine Fette aus tierischer Herkunft und ist leicht verdaulich.
Man kann den Geschmack dieser Pastete ändern, indem man verschiedene Tofusorten verwendet (geräucherten Tofu, Kräutertofu ...). Tofu natur schmeckt normalerweise den Kindern.

Gefüllte Tomaten mit Wakame und Dulse

(siehe Rezept Nr. 1)

Salatherzen mit Dulse und Meeresspaghetti

(siehe Rezept Nr. 30)

Gedünstetes Gemüse mit Wakame und Dulse

(siehe Rezept Nr. 3)

Zwiebelkuchen mit Dulse und Wakame

(siehe Rezept Nr. 11)

Wie man Meeresspaghetti zubereitet

Trotz ihres Namens und ihrer Form wird die Meeresspaghetti weder die Nudel Spaghetti noch die Bandnudel ersetzen, wobei man sie mit Pasta kombiniert servieren kann.

Eine der einfachsten Zubereitungsformen ist es, die Alge zu **Vollkornreis dazuzugeben**, und zwar genau in dem Moment, in dem der Reis anfängt zu kochen. Sie haben die gleiche Garzeit und ergänzen sich perfekt, sowohl was den Geschmack als auch was die Reichhaltigkeit der Nährstoffe betrifft.

- **Einweichzeit**
5 Minuten (optional) vor dem Kochen

- **Zubereitung**
Es ist eine Alge von fester Konsistenz, deren durchschnittliche **Kochzeit 35 Minuten** oder weniger beträgt, je nach Ihrem Geschmack. Die Kochzeit, wie bereits zuvor erwähnt, reduziert sich um ein Drittel (etwa **10 Minuten**), wenn die Alge später **angebraten oder gedünstet** wird (und noch mehr, wenn sie **zum Füllen verwendet wird und anschließend in den Backofen kommt**), genauso wenn sie **geschmort** oder gut **paniert** und **wie Calamari frittiert wird**. Fügen Sie die Algen bei **Eintöpfen** und Gerichten mit langer Garzeit erst in den letzten 30 Minuten hinzu.

Pastetchen mit Meeresspaghetti, **Pizzen** und **Pasteten** sind neben anderen Zubereitungsformen sehr beliebt innerhalb der verschiedenen Bereiche der „natürlichen Küche". Wir können all das und noch mehr in unserer Küche und in unserem Kochstil zubereiten!

Durch ihre längliche Form können Meeresspaghetti **als Garnierung ein dekoratives Element** sein oder mit den folgenden Zutaten vermischt werden.

Rezepte mit Meeresspaghetti

29. Vorspeise aus gebratenen Meeresspaghetti

Zutaten
40 g Meeresspaghetti
Vollkornmehl
grobes Salz
Olivenöl
Zitronensaft

Zubereitung
Die Meeresspaghetti 30 Minuten einweichen. Abseihen und im gleichen Sieb mit Mehl bestäuben. Die Algen in reichlich Öl bis zu ihrem Garpunkt frittieren. Die Algen auf einem Tablett mit Küchenpapier einen Moment abtropfen lassen und das Salz hinzugeben. Mit Zitronensaft beträufeln und warm verzehren. Sie erinnern an Calamari!

30. Salatherzen mit Dulse und Meeresspaghetti

Zutaten für 4 Personen
6 Kopfsalatherzen, gewaschen und längs geschnitten
1 geraspelte Möhre
1 Rote Bete, in dünne Scheiben geschnitten
4 Radieschen, in Blütenform geschnitten

Für die Sauce
einige Blätter Dulse (5 g)
einige Streifen Meeresspaghetti (5 g)
1 Essl. Agar-Agar in Flocken
hochwertiges Olivenöl
1 Teel. Miso (fermentierte Sojapaste) oder Salz
1 Essl. Senfkörner

Zubereitung
Die Meeresspaghetti 30 Minuten kochen.
Um die Sauce zuzubereiten, mischen wir Öl und Miso in einer Schale mit dem Senf und einem Essl. Wasser. Die 3 Algensorten hinzufügen: Meeresspaghetti (gekocht und abgetropft), Dulse und Agar-Agar in Flocken (ungekocht und ohne Einweichen). Wir zerkleinern sie gut und lassen sie etwa 10 Minuten ruhen.
Wir verteilen abwechselnd die längs geschnittenen Kopfsalatherzen und einige der in Blütenform geschnittenen Radieschen auf einzelne Teller. Wir platzieren die Rote Bete und die Möhre in Form kleiner Nester auf dem Teller. Mit der Algensauce beträufeln und kalt servieren.

31. Brokkoli mit Meeresspaghetti

Zutaten für 4 Personen
einige Streifen Meeresspaghetti (20 g)
1 Brokkoli
1 Zwiebel, in Würfel geschnitten
Öl
Bierhefe
Kräutersalz oder Instant-Algen

Zubereitung
Die Algen 15 Minuten kochen. In der Zwischenzeit den Brokkoli vorbereiten, indem Sie ihn in Röschen teilen und mit Hilfe eines Messers die Haut von den Strünken abziehen. Unter fließendem Wasser gut abwaschen und zusammen mit der Zwiebel zu den Meeresspaghetti geben, so viel Wasser dazugeben, dass das Gemüse bedeckt ist. Wir kochen alles weitere 15 Minuten, fügen das Salz hinzu und kochen alles noch 3 Minuten. Abtropfen lassen und auf einzelnen Tellern servieren mit einem Schuss Olivenöl und einem Esslöffel Bierhefe, die wir von oben wie feinen Regen daufrieseln lassen. Warm servieren.

32. Suppe mit Nori und Meeresspaghetti

Zutaten für 4 Personen
2 Essl. Noriflocken
einige Streifen Meeresspaghetti (10 g)
2 Speiserüben, in feine Streifen geschnitten
2 Möhren, in feine Streifen geschnitten
1 Staudensellerie, in Streifen geschnitten
1 Zwiebel, in Streifen geschnitten
4 Blätter Grünkohl, in Streifen geschnitten
1,5 Liter Wasser
2 Essl. Oliven- oder Sesamöl
Salz
1 Essl. Miso (fermentierte Sojapaste) optional

Zubereitung
Wir waschen das Gemüse und schneiden es in die passende Form, dann
garen wir es in kochendem Wasser zusammen mit den Algen. Nach 20
Minuten die Hitze reduzieren und Salz oder Miso hinzufügen, umrühren,
so dass sich das Salz auflöst. Das Öl dazugeben und in Schalen servieren.

33. „Pisto" mit Meeresspaghetti

Zutaten für 4 Personen
20 g Meeresspaghetti
1 grüne Paprika
1 rote Paprika
2 Zucchini
2 Tomaten
2 Auberginen
2 große Zwiebeln
2 Lorbeerblätter
Olivenöl und Salz

Zubereitung
Die Algen etwa 30 Minuten kochen.
Die anderen Gemüse in Würfel schneiden (die Aubergine sauber geschält).
Die Zwiebel in einer Pfanne mit Öl anbraten und das Gemüse dazugeben:
rote und grüne Paprika, Aubergine, Zucchini und Tomate.
Zum Schluss zu dem Gebratenen die eingeweichten Algen hinzugeben,
dann alles zusammen ruhen lassen, damit sich der Geschmack entfaltet.

34. Gebratenes Gemüse mit Meeresspaghetti

Zutaten
Meeresspaghetti (20 g)
2 Zwiebeln
3 Möhren
1 rote Paprika
1 Zucchini
Olivenöl
Salz

Zubereitung
Das Gemüse in feine Streifen schneiden. Die Algen etwa 20 Minuten garen. Wir braten das Gemüse in einer Pfanne mit Öl, und bevor es gar ist, in den letzten 5 Minuten, fügen wir die Algen hinzu, damit sie ihren Geschmack entfalten. Salz nach Belieben hinzufügen.

35. Reis mit Algen, Rosinen und Pinienkernen

Zutaten für 6 Personen
einige Streifen Meeresspaghetti (20 g)
600g Vollkornreis
1 große Zwiebel, in feine Streifen geschnitten
100 g Korinthen oder Rosinen
eine kleine Handvoll Pinienkerne
1 Teel. Curry
Olivenöl
4 Essl. Sojasauce

Zubereitung
Zuerst weichen wir die Algen in einer Schale ein und braten währenddessen die Zwiebel in einer Pfanne mit ein wenig Öl an. Wenn sie beginnt braun zu werden, fügen wir die Korinthen hinzu, bis sie sich wie kleine Ballone aufblasen. Dann geben wir die Pinienkerne dazu, die wir vorsichtig bräunen, damit sie nicht schwarz und dadurch bitter werden. Einen Esslöffel Currypulver hinzufügen und gut mit der Zwiebel und dem Rest der Zutaten vermischen, einige Sekunden anbraten und beiseitestellen. In einen hohen Topf mit reichlich kaltem Wasser (ohne Salz!) geben wir den Reis und die Algen mit dem Einweichwasser und garen alles bei niedriger Hitze etwa 30 Minuten. Wenn es zu kochen beginnt, geben wir das Salz hinzu und köcheln es für weitere 5 Minuten bei niedriger Hitze, abtropfen und mit den zuvor vorbereiteten Zutaten mischen. Zu Ende braten und den Reis mit Curry würzen. Zum Schluss die vier Esslöffel Sojasauce dazugeben und warm servieren.

Reis mit Algen, Rosinen und Pinienkernen – Rezept Nr. 35

36. Mit Meeresfrüchten parfümierter Reis

Zutaten für 6 Personen
einige Streifen Meeresspaghetti (30 g)
600 g Rundkorn-Vollkornreis
2 große Zwiebeln, in Streifen geschnitten
3 klein gehackte Knoblauchzehen

Für den Fond

1 Seeteufelkopf	einige Petersilienzweige
200 g Venusmuscheln	250 g Seehecht
1 Stange Lauch	1 Lorbeerblatt
1 Möhre	1 Essl. Paprika
1 Zwiebel	Olivenöl
4 Knoblauchzehen	Salz

Zubereitung
Zuerst weichen wir die Algen mit Wasser bedeckt für 20 Minuten ein. Währenddessen bereiten wir den Fond vor: In einem hohen Topf mit Wasser, Salz und einem kleinen Schuss Olivenöl kochen wir das gewaschene Gemüse zusammen mit dem Fisch, dem Lorbeerblatt und dem Paprikapulver.
Nach 20 Minuten erhalten wir einen hervorragenden Fond, den wir bei Zimmertemperatur ruhen lassen. Dann zu dem gefilterten Fond die Algen mit dem Einweichwasser und dem Reis geben. Bei niedriger Hitze etwa 25 Minuten köcheln. Mit Salz abschmecken und vom Herd nehmen, zugedeckt weitere 5 Minuten ziehen lassen und mit dem frisch zubereiteten Reis warm servieren.

37. Reis mit farbigen „Croûtons" (Meeresspaghetti)

Zutaten für 6 Personen
einige Streifen Meeresspaghetti (20 g)
500 g Vollkornreis
1 Tortilla aus 2 Eiern, zusammengerollt
1 Piquillo-Paprika gegrillt, in Scheiben geschnitten
3 Essl. Sojasauce (optional)

Zubereitung
Zunächst rösten wir die Meeresspaghetti in einer Pfanne etwa 2 Minuten. Wir geben den Reis zusammen mit den Algen in einen Topf mit reichlich kaltem Wasser. Wenn das Wasser zu sprudeln beginnt, reduzieren wir die Hitze und köcheln den Reis für etwa 25 Minuten auf niedriger Stufe. Die Kochzeit ist abhängig von der verwendeten Reissorte.
Danach fügen wir das Salz hinzu und kochen den Reis weitere 5 Minuten. Anschließend in einem Sieb mit kaltem Wasser leicht waschen und abseihen.
In einer Pfanne bereiten wir die Tortilla zu, die wir in kleine Würfel schneiden. Darüber geben wir die Piquillo-Paprika und den Reis, fügen etwas Öl hinzu und braten alles für 5 Minuten. Mit Sojasauce würzen und warm servieren.
Dieser Reis ist sehr gut als Vorspeise geeignet, da wir ihn einfach nur kurz vorm Verzehr erwärmen müssen. Zusammen mit einem guten Salat erhalten wir eine komplette Mahlzeit.

38. Meeresspaghetti-Pasteten

Zutaten für 10 Pasteten
40 g Meeresspaghetti
3 fein gehackte Zwiebeln
1 geraspelte Möhre
Sesamkörner
Olivenöl
Thymian, Oregano und Salz

Teig
500 g Weizenmehl
1 Essl. Butter
Wasser
Presshefe (in der Größe einer Walnuss)
Salz
ein Schuss Öl

Zubereitung
Die Algen 20 Minuten kochen.
Wir braten die Zwiebeln in Öl an und geben die klein geschnittene Möhre und die gekochten Algen dazu. Wir braten alles einige Minuten an und würzen es am Ende mit Oregano und Thymian. Wir bereiten den Teig vor, indem wir 1/2 Liter Wasser mit 4 Esslöffel vom zuvor verwendeten Bratöl mischen, die Hefe und das Salz hinzufügen und alles leicht erwärmen. Wir drücken eine Mulde in das Mehl, in die wir die vorbereitete Flüssigkeit geben. Wir kneten die Mischung, bis sie eine homogene Masse ergibt, und lassen diese 30 Minuten ruhen. Anschließend glätten wir die Masse, drücken sie schön flach und bereiten die Pasteten vor, indem wir sie mit den gebratenen Algen füllen. Wir bepinseln oder überziehen sie mit Ei und bestreuen sie mit den Sesamkörnern. Wir geben sie in den Backofen, bis sie gebräunt und knusprig sind.

39. Pizza mit Nori und Meeresspaghetti

Zutaten für 6 Personen

Für den Teig
500 g Mehl, Typ 1050
150 ml Olivenöl
frische Hefe in Größe einer Walnuss
Salz und die benötigte Menge Wasser

Für den Belag
einige Streifen Meeresspaghetti (15 g)
1 Essl. Noriflocken
1 Zwiebel, in Streifen geschnitten
1 Zucchini, in Halbmonde geschnitten
1 rote Paprika, in lange Streifen geschnitten
1 Aubergine, in lange Streifen geschnitten
500 g pürierte Tomaten (hausgemacht oder hochwertige Konserve)
Oregano
eine Mischung aus 300 g frischem Mozzarella und 100 g dänischem Käse

Zubereitung
Das Mehl mit dem Salz vermischt auf einer sauberen Arbeitsfläche auf-
häufen und eine Mulde hineindrücken. In die Mulde die zuvor in lauwarmem Wasser aufgelöste frische Hefe geben, die Masse mit kreisen-
den Bewegungen vermengen, bis das Mehl die komplette Feuchtigkeit
aufgenommen hat. Erneut eine Mulde in die Masse drücken und das Öl
hineingeben, den Vorgang wiederholen; die Masse weiter kneten und bei
Bedarf noch Wasser hinzugeben. Durch kräftiges und ausgiebiges Kneten
werden wir einen lockeren Teig erhalten. Sobald die Masse nicht mehr
an den Fingern kleben bleibt, decken wir sie mit einem angefeuchteten
Baumwolltuch ab und lassen sie an einem warmen Ort ruhen. Während
der Teig geht, braten wir das Gemüse auf folgende Art und Weise:

In einer Pfanne mit Olivenöl die Zwiebel glasig dünsten. Die Paprika hinzufügen und nach 5 Minuten außerdem die Zucchini und die Aubergine. Nach 10 Minuten die Meeresspaghetti beigeben, die wir zuvor 15 Minuten gekocht haben. Die Tomaten kochen, bis sie die ganze Flüssigkeit verloren haben und zu einer dicken Masse eingekocht sind.

Nach einer halben Stunde Gehzeit wird der Teig sein Volumen praktisch verdoppelt haben. Dann den Teig ein zweites Mal kneten und bereits in die gewünschte Form der Pizza bringen. Dann verteilen wir den Teig auf einem mit Öl leicht gefetteten und bemehlten Backblech und bedecken ihn dünn mit der Tomatenmasse. Bei 200 Grad etwa 5 Minuten backen. Anschließend den Teig mit dem gebratenen Gemüse und den Algen belegen. Zum Schluss die ganze Pizza mit einer Mischung aus Mozzarella und dänischem Käse bedecken. 10 bis 15 Minuten überbacken und warm genießen. Kurz vor dem Servieren mit etwas Oregano würzen.

Tipp

Für Fischliebhaber kann das Rezept durch Zugabe von etwas hochwertigem Thunfisch aus der Dose variiert werden. Dieser Fisch harmoniert gut mit dem gebratenen Gemüse und den Tomaten.

40. Pizza mit Meeresspaghetti

Zutaten für 1 Kilo vorbereiteten Pizzateig
25 g Meeresspaghetti
750 g Zwiebeln
1 halbe rote Paprika
geraspelte Möhre
Petersilie
Thymian
Käse und die für den Teig nötigen Zutaten

Zubereitung

Die Algen mit kochendem Wasser überbrühen. In Olivenöl anbraten. Zuerst die Zwiebel und die Paprika und dann die Algen dazugeben. 20 Minuten köcheln. Zum Schluss die Möhre, die Petersilie und den Thymian hinzugeben.
Den Belag auf dem Pizzateig verteilen und in den Ofen geben.

Tipp

Wir können Wakame-Algen statt der Meeresspaghetti verwenden. Lediglich die Kochzeit der Algen verändert sich dadurch, sie liegt in diesem Fall bei 10 Minuten.

41. Meeresspaghetti-Quiche (ohne Milch und ohne Ei)

Zutaten
ein halbes Glas Meeresspaghetti, gut geschnitten
250 ml Sojacreme (oder stattdessen Sojamilch)
50 ml Sojamilch
1 Teel. Agar-Agar
Kräuter (Curcuma, Curry, schwarzer Pfeffer, Muskatnuss, Chili)
1 Zwiebel
2 Essl. Sojasauce

Teig
150 g Vollkornmehl
50 ml Olivenöl
ein wenig Instant-Algen oder Salz
Wasser (5–6 Essl.), um die Masse zu binden

Zubereitung Teig
Das Mehl mit dem Öl mischen, bis es locker wie Sand ist, und das Wasser hinzugeben. Die Masse kneten (nicht zu fest). Mit einem Küchenpapier oder einem groben Baumwolltuch bedeckt eine halbe Stunde gehen lassen.

Belag
Während der Teig geht, kann man die Algen 30 Minuten in Wasser einweichen.
Man dünstet die Zwiebeln, bis sie glasig sind, fügt anschließend die Algen hinzu und mischt alles 1 Minute lang durch. Zuletzt gibt man zwei Esslöffel Sojasauce hinzu und nimmt das Ganze vom Herd.
In einer Schale mischt man die Sojacreme und die Sojamilch mit dem Agar-Agar und den Kräutern.
Nachdem der Teig geruht hat, rollt man ihn mit einem Nudelholz aus und gibt ihn auf ein Backblech. Man bedeckt den Teig mit dem Belag aus

Zwiebeln und Algen und gibt dann die Mischung aus Sojacreme, Agar-
Agar und Kräutern darüber.
Man bäckt die Quiche etwa 20–30 Minuten im Ofen.

42. Linsen mit Meeresspaghetti und Kombu

Zutaten für 4 Personen
einige Streifen Meeresspaghetti (15 g)
1 Blatt der Kombu-Alge (10 g)
250 g Linsen, die nicht zuvor eingeweicht werden müssen
1 Möhre, in Halbmonde geschnitten
1 Zwiebeln, in Würfel geschnitten
4 Knoblauchzehen, gehackt
200 g Champignons, in Scheiben
1 rote Paprika, in sehr feinen Streifen
1 Essl. Paprika
Öl und Salz

Zubereitung
Zunächst die Kombu für 5 Minuten im Ofen knusprig rösten.
Wir geben Öl in eine Pfanne mit dickem Boden, in der wir den Knoblauch zusammen mit dem Paprikapulver braten, wobei wir darauf achten, dass es nicht anbrennt. Wir geben die Champignons und die Paprika dazu. Zugedeckt bei niedriger Hitze etwa 10 Minuten dünsten. Anschließend die Möhre, die geröstete Kombu, die Meeresspaghetti und die Linsen dazugeben und mit der dreifachen Menge kaltem Wasser bedecken (ohne Salz). Bei guter Hitze kochen, bis das Wasser sprudelt. Dann ein Glas kaltes Wasser angießen und etwa 20 Minuten bei niedriger Hitze kochen. Wir geben das Salz dazu, lassen alles weitere 5 Minuten köcheln und schon sind die Linsen punktgenau gegart: gekocht, aber ohne dass sich ihre Haut abschält. Warm servieren.
Dieses Rezept ist für jene Tage vorgesehen, an denen wir eine gute Portion Wärme und Energie benötigen.

43. Seitan mit Meeresspaghetti „Gärtnerin"-Art

Zutaten
einige Streifen (20 g) Meeresspaghetti
1 Kugel Seitan (aus Weizen)
1 geraspelte Möhre
1 Zwiebel, in Streifen geschnitten
100 g Erbsen
1 geriebene Speiserübe
Öl
Kräutersalz oder Instant-Algen

Zubereitung
Zunächst die Algen in 300 cl Wasser etwa 15 Minuten kochen. Wir schneiden die gekochten Algen in 4 cm große Stücke.
In einer Tonkasserolle die Zwiebel in etwas Öl anbraten. Wenn sie beginnt sich zu bräunen, geben wir die geriebene Möhre, die Erbsen, die geriebene Rübe, die gekochten Meeresspaghetti und einige Esslöffel von deren Sud hinzu. Wir kochen alles mit sehr kleiner Hitze für 5 Minuten und fügen zum Schluss den Seitan bei, den wir nur 5 Minuten mitkochen, damit er gerade den Geschmack der Algen annimmt. Vom Herd nehmen und warm servieren.

Tipp
Wenn wir das Gericht mit einem gemischten Salat als Vorspeise und einem Bratapfel als Nachspeise verzehren, erhalten wir ein komplettes und leicht verdauliches Menü.

Wie man Kombu zubereitet

Die wildwachsende Kombu ist eine Alge von fester Konsistenz und intensivem Geschmack, die gut gekocht werden muss.

- **Einweichzeit**
5 Minuten (optional) vor dem Kochen

- **Garzeit**
30 Minuten im Schnellkochtopf

- **Zuvor geröstet**
Falls Sie nicht über einen Schnellkochtopf verfügen, empfiehlt es sich, um die Garzeit zu verkürzen, die Alge vor dem Einweichen **trocken** in einer Pfanne oder dem Backofen bei **guter Hitze** für **5 Minuten** zu **rösten**. Wir können dies mit einer größeren Menge Kombu tun und sie dann in einem Glasgefäß gut verschlossen aufbewahren, bis wir sie benötigen.
Nach dem Rösten kochen wir die Alge etwa 45 Minuten und erhalten eine nahrhafte Brühe (siehe Rezepte). Wir zerkleinern ein oder zwei getrocknete Blätter Kombu pro Liter Wasser und kochen sie mit oder ohne Zwiebel, Möhre, Speiserübe, Pastinake oder einem anderen Gemüse nach unserem Geschmack. Wenn sie durchgesiebt ist, bietet uns die Brühe aus Kombu eine **Grundlage für jegliche Suppenvarianten**. Man kann sie für mehrere Tage zubereiten und im Kühlschrank aufbewahren.
Wir können die zuvor trocken geröstete Kombu auch zusammen mit **Hülsenfrüchten** kochen (Kichererbsen, Linsen, Bohnen, Saubohnen), was diese weicher macht, schmackhafter, verdaulicher und weniger blähend.

- Gekocht kann sie außerdem als **Füllung** für Aufläufe, als **Zutat** für **Tortillas, Sofritos, Schmorfleisch** oder **vegetarische Hamburger** etc. dienen.
- Es ist die meistverwendete Alge bei der Zubereitung von **Seitan** (*vegetarisches, fleischähnliches Produkt* aus Weizengluten), sie kann bei dessen

langer Kochzeit beigegeben werden und verleiht ihm Geschmack und Nährstoffe. Normalerweise gibt man die Kombublätter lose in das kochende Wasser und zerkleinert sie später. Wir können sie auch auf andere Weise verarbeiten, um ihre Nährstoffe besser zu nutzen: zermahlen und in die Seitanmasse einarbeiten.

- Gemahlen eignet sie sich auch zum **Backen und für Gerichte mit Sojaprodukten**. Besonders mit Tofu (Sojakäse) (*Tofu mit Algen, Hamburger und Tofuwurst mit Algen*).

Die Kombu-Alge kann wegen der **Glutaminsäure**, die für sie typisch ist, in jedem Rezept als **Geschmacksverstärker** verwendet werden.

Rezepte mit Kombu

44. Kombu-Röllchen mit Möhren

Zutaten
4 Streifen Kombu
1/2 Liter Wasser
1 Teel. Sojasauce
2 mittelgroße Möhren, in 6 cm lange Stücke geschnitten

Zubereitung
Die Kombu für 30 Minuten in einem Schnellkochtopf kochen. In Streifen schneiden und in jeden ein Stück Möhre wickeln. Die Röllchen mit einem Bindfaden oder einem Zahnstocher schließen. Anschließend im offenen Topf mit ein wenig von dem Kochwasser der Kombu und der Sojasauce für 10–15 Minuten kochen, bis die Flüssigkeit verkocht ist.

45. Tempura mit Kombustreifen

Zutaten
Kombustreifen
Zwiebel
Möhre
Mangoldblätter
Mehl
Wasser
Meersalz
Natives Olivenöl extra

Zubereitung
Das Gemüse in feine Streifen schneiden. Die Kombu-Alge 30 Minuten im Schnellkochtopf kochen und ebenfalls in feine Streifen schneiden.
Aus dem Wasser und dem Mehl eine Masse (ziemlich zäh) kneten, zu der wir alle rohen Gemüse und die Algen hinzugeben und alles etwa 5 Minuten ruhen lassen.
Zwischen Daumen, Zeigefinger und Mittelfinger formen wir kleine panierte Teigteilchen, die wir in einer Pfanne mit gut erhitztem Olivenöl braten.

46. Kroketten mit Seehecht, Kombu und Nori

Zutaten
4 Essl. Noriflocken
1 Stück Kombu-Alge (20 g)
600 g gefrorener Seehecht ohne Haut und Gräten
1 rote Tomate
1 Zweig Petersilie
1 kleine Zwiebel

Für die Béchamelsauce
1 Liter frische Kuh- oder Sojamilch
75 g Butter
2 Essl. Mehl, Typ 1050
Muskatnuss und weißer Pfeffer, frisch gemahlen
eine Zwiebelschale
1 Essl. Olivenöl

Für die Panade
1 verquirltes Ei
Paniermehl
Öl zum Frittieren

Zubereitung
Für die Zubereitung der Béchamelsauce verwenden wir eine Pfanne mit etwas Öl, in der wir die Zwiebelschale anbräunen. Wenn sie gebräunt ist, die Pfanne vom Herd nehmen. Jetzt die Butter und das Mehl dazugeben, ununterbrochen rühren, bis sich eine zähflüssige Paste ergibt, langsam und nach und nach die Milch hinzugeben, so dass sie von der Paste aufgenommen wird. Es ist wichtig, die Herdplatte auf sehr niedrige Hitze zu stellen und mit dem Rühren nicht aufzuhören. Wir geben den Rest der Milch dazu und kochen alles, bis wir eine dickflüssige Béchamel erhalten. Anschließend würzen wir die Sauce mit Muskatnuss, Pfeffer und Salz.

In einer Kasserolle kochen wir den Seehecht 10 Minuten mit einer Tomate, einem Stängel Petersilie und einem Stück Kombu. Vom Feuer nehmen und den Fisch zerkleinern.

Den zerkleinerten Seehecht zusammen mit den Noriflocken zur Béchamelsauce geben. Gut vermengen und zum Ruhen auf ein Tablett geben, bis eine Paste entstanden ist, die fest genug ist, um daraus die Kroketten zu formen.

Mit Hilfe von zwei Esslöffeln formen wir die Kroketten, die wir dann zuerst in verquirltem Ei und anschließend in dem Paniermehl wenden.

Die Kroketten in einer Pfanne mit reichlich heißem Öl anbraten, bis sie gebräunt sind. Vom Herd nehmen und auf einem mit Küchenpapier ausgelegten Teller abtropfen lassen.

Tipp

Ein passender Begleiter für die frittierten Kroketten ist ein guter Salat, der Knollenpflanzen wie Möhre, Radieschen usw. enthält. Ihr Magen wird es Ihnen danken.

Der Sud, der beim Kochen des Seehechts entsteht, kann Ihnen als Grundlage für eine Reissuppe dienen. Da die Kombu-Alge immer noch hart sein wird, können Sie sie zusammen mit dem Reis weiterkochen, dem sie Geschmack verleihen wird.

47. Blumenkohlpasteten mit Kombu

Zutaten
2 Streifen Kombu-Algen in 25 cm Länge und 2 cm Breite
1 Blumenkohl
eine halbe Möhre
2 Zwiebeln
ein halber Teel. Instant-Algen oder Kräutersalz
2 Essl. Sojasauce

Teig
300 g Vollkornmehl
100 ml Olivenöl
Salz
Wasser (etwa 10 Essl.)

Zubereitung
Für den Teig das Mehl mit dem Öl mischen, bis es locker wie Sand ist, und das Wasser hinzugeben. Den Teig kneten (nicht sehr stark) und mit einem Küchenpapier oder einem groben Baumwolltuch bedeckt eine halbe Stunde gehen lassen.
Die Zwiebel zugedeckt dünsten, bis sie glasig wird. Die Kombu-Alge in Stücke schneiden und in einer Pfanne ohne Öl für 2 Minuten rösten.
Den Blumenkohl und die Möhre waschen, in kleine Stücke schneiden und 15 Minuten lang dünsten.
Wenn die Zwiebel glasig ist, gibt man die Kombu-Alge dazu. Gut vermischen und dann das Gemüse beigeben. Zuletzt zwei Esslöffel Sojasauce hinzugeben und das Ganze vom Herd nehmen.
Wenn der Teig geruht hat, schneidet man ihn in zwei Hälften (eine davon etwas größer) und rollt ihn mit einem Nudelholz aus. Der kleinere Teil dient als Boden, auf den die Füllung gegeben wird, der größere Teil dient als Deckel, in dessen Mitte ein kleines Loch gestochen wird.
Man gibt den Auflauf für etwa 30–40 Minuten in den Backofen.

48. Kurbispasteten mit Kombu und Nori

Zutaten
15 g Kombu
15 g Nori
2 Zwiebeln
300 g Kürbis
schwarzer Pfeffer
3 Essl. Olivenöl

Teig
300 g Vollkornmehl
100 ml Olivenöl
Salz
Wasser (etwa 10 Essl.)

Zubereitung
Für den Teig das Mehl mit dem Öl mischen, bis es locker wie Sand ist, und das Wasser hinzugeben. Den Teig kneten (nicht sehr stark), in zwei Teile teilen (einer etwas größer als der andere) und mit einem Küchenpapier oder einem groben Baumwolltuch bedeckt eine halbe Stunde gehen lassen.
Die Kombu-Alge eine halbe Stunde in Wasser kochen.
Die Zwiebel in kleine Würfel schneiden und in einer Pfanne mit Öl glasig andünsten.
Die trockene Nori-Alge in einer Pfanne ohne Öl 3 Minuten anbraten.
Den Kürbis in Stücke (3–4 cm) schneiden.
Die Zwiebel und die Algen, wenn sie fertig sind, vom Herd nehmen, mit dem (ungekochten) Kürbis mischen und mit Pfeffer würzen. Wir rollen den Teig mit einem Nudelholz aus und geben die Füllung auf den kleineren Teil. Wir bedecken den Auflauf mit dem anderen bereits ausgerollten Teil des Teigs.
Etwa 45 Minuten im Ofen backen.

49. Kombu-Hamburger

Zutaten (*für etwa 6 Hamburger*)
einige Blätter der Kombu-Alge (20 g)
1 Stück Tofu (Sojakäse)
200 g geschälte Hirse
2 Knoblauchzehen (optional)
1 geraspelte Möhre
1 Ei für die Panade (optional)
Paniermehl
Öl zum Frittieren

Zubereitung

Zunächst rösten wir die trockene Kombu-Alge für 5 Minuten in einer Pfanne oder im Ofen bei guter Hitze. Sie soll knusprig sein. Wir zermahlen sie in einer Mühle oder schneiden sie sehr fein.

In einem Topf mit der doppelten Menge an kochendem Wasser kochen wir die Hirse und die gemahlene Kombu für 20 Minuten. In einem Sieb abtropfen lassen.

Mit einem passenden Gerät zerkleinern wir den Tofu mit der Möhre und dem Knoblauch. Aus der vorbereiteten Masse und der Hirse mit der abgetropften Kombu-Alge stellen wir eine homogene Mischung her. Aus dieser Masse rollen wir einige Kugeln, die wir dann zu Hamburgern formen.

Auf einem extra Teller verquirlen wir das Ei.

Jetzt die Hamburger einen nach dem anderen im Ei wenden. Anschließend im Paniermehl wenden und in einer Pfanne mit heißem Öl braten, bis sie auf beiden Seiten gebräunt sind.

Zuletzt vom Herd nehmen und das überschüssige Öl auf einem mit einem Küchenpapier bedeckten Teller abtropfen lassen.

Tipp

Nahrhaft und leicht zuzubereiten, Sie müssen nur berücksichtigen, dass die Hirse immer lauwarm sein muss, während Sie die Hamburger formen, denn wenn sie erst einmal kalt ist, lässt sich dieses Getreide schwer verarbeiten und die Hamburger reißen und zerbrechen dann leicht. Statt Hamburgern können Sie auch Kroketten oder kleine Kugeln formen, es macht Spaß, mit den Formen zu spielen, während man das Rezept beibehält.

Die Kombination aus Hirse, Tofu und Algen ergibt eine vollwertige und leicht verdauliche Mahlzeit.

Denken Sie daran, dass das Gebratene durch eine geraspelte Knollenpflanze, wie z. B. Möhre, Rübe oder Radieschen, abgerundet wird. Diese wirken wie ein Schwamm im Darm, der das überschüssige Öl aufnimmt. Wenn Sie kein Ei zum Panieren verwenden wollen, können Sie die Hamburger auch direkt mit Vollkornmehl oder fein gemahlenem Paniermehl bedecken.

50. Weisse Bohnen mit Mangold und Kombu

Zutaten für 4 Personen
1 großes Blatt der Kombu-Alge (etwa 20 g)
400 g weiße Bohnen, zuvor für 12 Stunden eingeweicht
1 Zwiebel, in Streifen geschnitten
500 g Mangold, gewaschen und in Streifen geschnitten
4 Knoblauchzehen (ganz)
1 Essl. Paprika

Zubereitung
Zunächst die trockene Kombu für 5 Minuten im Ofen oder in der Pfanne
rösten, bis sie knusprig ist.
Wir bedecken den Boden eines Topfes reichlich mit Öl. Wenn es heiß ist,
die Knoblauchzehen zusammen mit dem Paprikapulver und der Zwiebel anbraten und sobald sie sich bräunen, den Mangold dazugeben, alles
zugedeckt für 5 Minuten braten. Wenn das Gemüse beginnt sein Wasser
abzugeben, die Bohnen und die Kombu-Alge dazugeben und mit einem
Drittel kaltem Wasser bedecken. Bei guter Hitze kochen, bis das Wasser
sprudelt. Dann geben wir ein Glas kaltes Wasser dazu und kochen das
Gericht weiter bei kleiner Hitze für etwa 30 Minuten (die Kochzeit ist
abhängig von der Menge und der Qualität der Bohnen). Salz zugeben und
weitere 5 Minuten kochen.

Tipp
Wenn Sie zarte Bohnen haben wollen, die ihre Haut nicht verlieren, ist es
wichtig, dass Sie die Bohnen in kaltem Wasser ohne Salz bei kleiner Hitze
kochen, denn wenn sie aufreißen, verlieren sie ihre Haut und nehmen
überschüssiges Wasser auf.
Dies ist ein gehaltvolles Gericht, geeignet für Personen, die hart arbeiten,
oder für die kalten Tage.

51. Kichererbsen mit Zwiebeln, Tomaten und Kombu

Zutaten
ein Stück Kombu-Alge
600 g Kichererbsen
2 mittelgroße Zwiebeln
2 Essl. Olivenöl
1 Essl. Sojasauce
1 Teel. gemahlener Kümmel
ein Glas Tomaten in Stücken

Zubereitung
Die Kichererbsen waschen und über Nacht einweichen. Die Kichererbsen zusammen mit der Kombu-Alge für 35 Minuten in einem Schnellkochtopf kochen.
Die Zwiebeln glasig dünsten, anschließend die Tomaten und die Sojasauce dazugeben. Eine Minute rühren und die Kichererbsen und den Kümmel hinzugeben. Vom Herd nehmen, damit sich der Geschmack in 3–5 Minuten entfalten kann (falls nötig, können wir ein bisschen vom Kochwasser der Kichererbsen beigeben).

Kichererbsen mit Wakame und Kombu

(siehe Rezept Nr. 14)

Linsen mit Meeresspaghetti und Kombu

(siehe Rezept Nr. 42)

Wie man wildwachsende Nori zubereitet

Nori ist neben Kombu die Alge mit dem intensivsten Geschmack unter allen hier vorgestellten Algen.

Trocken **geröstet** erinnert sie an ölhaltige Fischsorten oder genauer gesagt an Sardinen. Wenn wir sie kochen, wird sie uns ausgesprochen zart und mürbe erscheinen, kurz davor zu zerfallen. Trotzdem ist ihre Struktur eher fest, was wir feststellen werden, wenn wir sie in den Mund nehmen und kauen.

Deshalb empfiehlt es sich, die Alge vor dem Kochen im Ofen oder in einer heißen Pfanne zu rösten wie die Kombu, auch wenn die Blätter dünner sind und dadurch schneller braun werden. Wenn sie knusprig ist, lässt sie sich leicht zerbröseln und wir können sie wie ein **Instant**-Gewürz verwenden, indem wir sie über ein beliebiges Gericht streuen: **Salate, Suppen, Pürees, Reisgerichte, Gemüse, Gratins** etc. Man lagert sie in einem luftdicht verschlossenen Gefäß, um zu vermeiden, dass sie weich wird.

- **Einweichzeit** 1 Minute (optional) vor dem Kochen.

- **Gekocht** ist sie milder im Geschmack und verändert ihre Farbe zu einem dunklen Lila mit Grüntönen. Nach 20 bis 35 Minuten ist sie gut gekocht und kann im gewählten Rezept verwendet werden. Sie passt sehr gut zu Reis, Gemüse, Suppen, Kartoffeln etc.

- **Gebraten oder gekocht.** Es ist nicht notwendig, sie vorzukochen. Mit reichlich Zwiebeln, als Garnierung für Eier, Gemüse, Hülsenfrüchte etc. Zuvor geröstet und zermahlen, in Tortillas, Hamburgern oder Kroketten.

- **Aus dem Ofen,** mit Kartoffeln, Fisch, in Gratins, Cannelloni etc.

Rezepte mit Nori

52. Grüne Bohnen mit Champignons und Nori

Zutaten für 4 Personen
2 Essl. Noriflocken
800 g grüne Bohnen
500 g Champignons, geviertelt
1 Knoblauchknolle, fein gehackt
Petersilie, gehackt
6 Essl. Olivenöl
Kräutersalz und Instant-Algen

Zubereitung
In einer Tonkasserolle oder auch in einer gusseisernen Pfanne mit etwas Öl den Knoblauch 30 Sekunden anbraten und die Bohnen, die Champignons und die Nori-Algen dazugeben. Zugedeckt bei niedriger Hitze etwa 15 Minuten dünsten. Die Champignons geben Wasser ab, in dem die Bohnen gegart werden. Anschließend die gehackte Petersilie zugeben, 1 weitere Minute kochen und servieren.

Tipp
Wenn Sie kein zusätzliches Wasser verwenden und das Gemüse im eigenen Saft kochen, bleiben alle Mineralsalze erhalten, die sonst im Kochwasser verloren gehen können. Außerdem ist die brillante grüne Farbe, welche die Bohnen annehmen, die reinste Versuchung.

53. Norimousse

Zutaten für 6 Personen
1 Essl. Noriflocken
4 große Eier von guter Qualität
1/2 kg Kürbis, in Halbmonde geschnitten
1 große Zwiebel
125 ml Sahne oder Sojacreme
eine Prise weißer Pfeffer und Muskatnuss, frisch gemahlen
eine Prise Meersalz

Zubereitung
In einer Pfanne mit etwas Öl und einer Prise Salz braten wir die Zwiebel
bei kleiner Hitze und decken sie ab, so dass sich etwas Feuchtigkeit sammeln kann. Wenn sie beginnt sich zu bräunen, geben wir den Kürbis und
die Nori-Alge dazu, geben noch etwas Öl und Salz hinzu und kochen alles
bei geschlossenem Deckel für etwa 10 Minuten. Wenn der Kürbis zart ist,
nehmen wir ihn vom Herd und mischen in einer extra Schüssel die Eier
mit der Sahne, den Kräutern und dem zuvor Gekochten. Pürieren, bis es
eine flüssige, sehr homogene Creme ergibt.
Alles auf ein rechteckiges Backblech geben, das mindestens 4 cm hoch ist.
Etwa 25 Minuten im Ofen backen, bis die Eier komplett gestockt sind. Aus
dem Ofen nehmen, abkühlen lassen und lauwarm servieren.

Tipp
Die Mousse ist ein typisch französisches Gericht. Wir können sie durch
ein Nest von Möhren und sehr fein geschnittenem Salat verfeinern. Wir
können einen geschmacklichen Kontrast setzen, indem wir einige dünne
Scheiben Paprika schneiden und sie wie kleine Rosen anordnen. Zuletzt
dekorieren wir sie mit einigen grünen Petersilienblättern, die wir groß-
zügig verteilen.

54. Nori-Omelette

Zutaten für 1 Person
2 Essl. Noriflocken
1 großes Ei oder 2 kleine
1 Knoblauchzehe
Olivenöl

Zubereitung
Den Knoblauch fein hacken und mit etwas Öl in eine Pfanne geben. Die Eier aufschlagen und zusammen mit den zuvor in einer Pfanne (ohne Öl) gerösteten Algen zu dem Knoblauch geben, sobald er angebräunt ist. Stocken lassen und die Tortilla zubereiten.

Optional: Wenn wir einen stärkeren Algengeschmack erreichen wollen, können wir die Alge für 5 Minuten einweichen, statt sie zu rösten, und ansonsten weiterverfahren wie beschrieben.

55. Dreierlei Tortillas mit Nori in Flocken

Zutaten für 6 Personen
1 Essl. Nori-Algen in Flocken
6 große, gut gekühlte Eier
3 Knoblauchzehen, fein gehackt
1 geraspelte Möhre
Kräutersalz oder Instant-Algen
4 Essl. Olivenöl
12 getoastete Scheiben Vollkornbrot

Zubereitung
Während die Pfanne mit dem Öl auf dem Herd heiß wird, verquirlen wir die Eier, bis sie schaumig sind (das ist wichtig, da sie so den Verdauungsprozess erleichtern), und geben dann die Algen (die wir zuvor in einer Pfanne für 1 Minute geröstet haben), die geraspelte Möhre, den Knoblauch und das Salz dazu. Die Mischung in die Pfanne geben und bei niedriger Hitze köcheln, bis die Eier fest sind, ohne am Pfannenboden haften zu bleiben. Dann wenden wir die Tortilla mit Hilfe eines Deckels oder auch eines passenden Tellers und braten sie von der anderen Seite. Wenn sie auf beiden Seiten gar ist, nehmen wir sie vom Feuer und servieren pro Gast ein dreieckiges Stück Tortilla mit 2 getoasteten Scheiben Vollkornbrot und etwas Salat.

Tipp
Die Algen passen sehr gut zu den Eiern. Wir können ein wenig davon verwenden, wenn wir eine klassische Tortilla mit Kartoffeln und Zwiebeln zubereiten, oder für Gemüseflans, oder auch in gerollten Crêpes, Quiches, Mousse etc. Sie geben dem Gericht immer eine besondere Note und erhöhen seinen Nährwert. Es ist wichtig, nicht zu viel zu verwenden, da die Alge den Geschmack der restlichen Zutaten überdecken könnte. Eine kleine Menge harmonisiert das Rezept immer.

Dreierlei Tortillas mit Nori in Flocken – Rezept Nr. 5

56. Couscous mit Gemüse und Nori

Zutaten
20 g Nori-Alge
300 g Couscous
4 Knoblauchzehen
1/2 rote Paprika (etwa 150 g)
300 g Champignons
3 Essl. Olivenöl
Instant-Algen oder Kräutersalz
Wasser (1 Teil Couscous auf 1,5 Teile Wasser)
Gewürze (Kurkuma, Ingwer, Kumin, Basilikum) und 1 Essl. Öl

Zubereitung
Das Gemüse waschen, die Champignons in Scheiben schneiden und die Paprika in kleine Stücke. Die Knoblauchzehen schälen und sehr klein schneiden.
Öl in eine Pfanne geben und den Knoblauch leicht bräunen, die Paprika dazugeben, 2 Minuten braten und dann die Champignons beigeben. Abdecken und kochen lassen, bis die Champignons ihren ganzen Saft abgegeben haben. Wenn wir die Pfanne von der Herdplatte nehmen, können wir die Instant-Algen oder das Kräutersalz dazugeben.

Dann bereiten wir den Couscous vor:
Wir geben ihn in eine Pfanne ohne Öl, um ihn etwas anzurösten. Wir bringen das Wasser mit den Gewürzen zum Kochen und geben zuletzt das Öl hinzu.
Wir füllen den angerösteten Couscous in eine Schüssel und gießen das kochende Wasser darüber, mit einer Gabel oder einem Rührstab umrühren und abdecken. Nach einigen Minuten ist er fertig.
Wir rösten die Nori-Alge in einer Pfanne genauso wie den Couscous an und stellen sie beiseite.

Zuletzt mischen wir den Couscous mit der Nori-Alge (wir halten ein wenig davon für die Garnierung zurück) und geben den gebratenen Knoblauch, Paprika und Champignons darauf.

Zum Abschluss streuen wir die Nori, die wir zurückgehalten haben, über das Gericht.

57. Spaghetti mit Nori und Sesam

Zutaten für 6 Personen
2 Essl. Nori-Alge in Flocken
500 g Spaghetti
1 große Zwiebel, in Streifen geschnitten
4 Essl. Sesamsauce (oder auch Haselnuss- oder Mandelsauce)
1 Essl. Kräutersalz oder Instant-Algen
3 Essl. Sojasauce
1 Prise frisches Basilikum

Zubereitung
In einem Topf mit reichlich kochendem Wasser und einem kleinen Schuss Öl und Salz kochen wir die Spaghetti zusammen mit den Nori-Algen, bis sie al dente sind. Die Kochzeit ist abhängig von der gewählten Spaghetti-Marke. Währenddessen bereiten wir die Sauce folgendermaßen zu:
In einer zugedeckten Pfanne braten wir die Zwiebel mit etwas Öl und Salz bei niedriger Hitze, damit sie gebräunt und schmackhaft bleibt. Sobald sie gebräunt ist, geben wir die Sesamsauce, das frische Basilikum und die drei Esslöffel Sojasauce dazu. Wir mischen die vorbereiteten Zutaten mit den Spaghetti, die wir nach dem Kochen abgeseiht haben. Der Sud, der beim Kochen der Spaghetti mit den Algen entstanden ist, enthält viele Mineralsalze und kann uns als Grundlage für eine Suppe dienen. In einer Schüssel mit einer Prise Kräutersalz oder Instant-Algen und einigen zusätzlichen Blättern Basilikum auftragen. Warm servieren.

Tipp
Diese leicht zuzubereitenden Spaghetti sind in nur 10 Minuten fertig. Ihr Geschmack ist hervorragend und ihr Nährwert sehr hoch. Zusammen mit Salat sind sie ideal für jene Tage, an denen wir eine extra Portion Energie benötigen und keine Zeit haben, ein aufwendiges Gericht zu kochen.

58. Gefüllte Zucchini mit Soja und Nori

Zutaten für 4 Personen
2 Essl. Nori-Alge in Flocken
4 mittelgroße Zucchini, längs halbiert
1 rote Zwiebel, in Scheiben geschnitten
100 g Sojaprotein
500 g Tomaten in Stücken
100 g geriebener Greyerzer
Öl und Salz

Zubereitung
In einem Gefäß lösen wir das Sojaprotein in etwas Wasser für mindestens
10 Minuten.
In einem Topf mit kochendem Wasser und Salz kochen wir die halbierten
Zucchini für zehn Minuten. Danach entfernen wir mit Hilfe eines Löffels
das Fruchtfleisch aus der Zucchini und legen den Rest (der jetzt die Form
von Schiffchen hat) auf ein Backblech.
In einer Pfanne mit Öl braten wir die Zwiebel, bis sie gebräunt ist, und
geben das Sojaprotein und die Nori-Alge zusammen mit dem Fruchtfleisch der Zucchini dazu. Wir braten alles weitere 5 Minuten und geben
dann die Tomaten hinzu. Wir kochen das Ganze, bis es eine sämige Sauce
ergibt. Mit der vorbereiteten Masse füllen wir die Zucchini-Schiffchen.
Zuletzt bedecken wir sie mit einer großzügigen Handvoll Greyerzer und
überbacken sie, bis der Käse gut zerlaufen ist. Warm servieren.

59. Maisgriess mit Gemüse und Nori-Algen

Zutaten für 6 Personen
250 g Maisgrieß
2 Kügelchen Butter
3/4 Liter Wasser
Meersalz
Gemahlene Meeresspaghetti (Instant-Algen), optional

Für die Gemüsepfanne
1 Essl. Nori-Algen in Flocken
2 Zwiebeln, in Scheiben geschnitten
1 Aubergine, in Scheiben geschnitten
1 Kürbis, in Halbmonde geschnitten
2 grüne Paprika in Streifen
1 rote Paprika in Streifen
3 gehackte Knoblauchzehen
1 Zweig Thymian
1/2 kg Tomaten in Stücken
Olivenöl
Salz

Zubereitung
Wir geben den Maisgrieß in einen Topf mit kochendem Wasser und
rühren ihn, bis sich alle vorhandenen Klümpchen gelöst haben. Etwa
20 Minuten bei niedriger Hitze kochen, gelegentlich umrühren, bis sich
Krater bilden, die abwechselnd explodieren. Dann die Butter und das Salz
hinzugeben, einige Sekunden weiterkochen und abgedeckt beiseitestellen.
Um die Gemüsepfanne vorzubereiten, brauchen wir eine Kasserolle, mög-
lichst aus Ton, in der wir die Zwiebel mit ein wenig Öl und Salz anbraten.
Gut abgedeckt, damit die Zwiebel ihren Saft abgibt und weich wird, ohne
anzubrennen. Wenn sie beginnen, sich zu bräunen, geben wir Paprika
dazu. Während beides brät, bestreuen wir die Aubergine in einem Sieb

mit Salz, so dass sie ihren giftigen Saft abgibt. Wenn die Paprika weich ist, geben wir den Kürbis dazu und kochen alles weitere 5 Minuten. Dann geben wir die Aubergine hinzu und, sobald die Aubergine fast gar ist, die Tomate zusammen mit der Nori-Alge und einem Zweig Thymian. Weitere 10 Minuten kochen ... und schon ist die Gemüsepfanne fertig!

Serviervorschlag

Auf einem Keramikteller servieren wir den warmen Maisgrieß in der Mitte und bilden mit dem Gemüse einen kleinen Kranz.

60. Pasteten mit Möhren, Kokosnuss und Nori

Zutaten

2 Essl. Nori-Algen in Flocken

300 g Möhren, frisch geraspelt

300 g geraspelte Kokosnuss

300 g Eier (Gewicht mit Schale)

75 g Maismehl

75 g Weizenvollkornmehl

1 Teel. Natriumbikarbonat

Zubereitung

In einer Schale verquirlen wir die Eier, bis sie schaumig sind, geben dann den Rest der Zutaten dazu und mischen alles, bis wir eine homogene Masse erhalten. (Bei dieser Pastete ist es nicht notwendig, das Eiweiß zu Schnee zu schlagen.)

Die vorbereitete Masse in eine Springform von 25 cm Durchmesser geben und 25 Minuten bei 180 Grad backen. Nach dem Backen bei Zimmertemperatur abkühlen lassen. Nach dem Abkühlen lauwarm servieren.

61. Tofu mit Nori in Grüner Sauce

Zutaten

1 Essl. Noriflocken
1 Stück Tofu (Sojakäse), ungeräuchert
4 klein gehackte Zehen Knoblauch
4 Mandeln, geröstet und geraspelt
1 Essl. Vollkornmehl
100 g Erbsen
2 Artischocken, in Streifen geschnitten)
3 Essl. Sojasauce
Olivenöl
Kräutersalz oder Instant-Algen
weißer Pfeffer und Muskatnuss, frisch gemahlen

Zubereitung

Zuerst die Algen in so viel Wasser einweichen, dass sie gerade bedeckt sind.

In einer gusseisernen Pfanne oder einer Tonkasserolle den Knoblauch in Öl anbraten. Wenn er beginnt, sich zu bräunen, die Artischocken dazugeben und bei sehr kleiner Hitze andünsten, bis sie glasig sind. Dann die Nori-Alge mit den Erbsen und den Mandeln hinzutun. Anschließend einen gehäuften Esslöffel Mehl beigeben und zusammen mit den Artischocken und den Erbsen braten. Wenn sich langsam eine Paste bildet, etwas Wasser hinzugeben und die Klümpchen mit Hilfe einer Gabel auflösen. Nach und nach das Wasser beimengen, bis eine sämige Sauce entsteht. Nach 7 Minuten mit Salz, Pfeffer und Muskatnuss würzen und den in Stücke geschnittenen Tofu hinzufügen, weitere 2 Minuten kochen, vom Herd nehmen und warm servieren.

Wenn Sie das Gericht einige Stunden aufbewahren wollen, geben Sie erneut ein wenig Wasser dazu, damit sich die Sauce wieder leicht aufrühren lässt.

Tipp

Es ist zu empfehlen, dieses Gericht im Herbst oder Winter zu verzehren als Hauptgang nach einer leichten Gemüsesuppe oder auch nach einem Salat. Es gibt uns Energie und Wärme. Im Herbst können Sie zusammen mit dem Knoblauch auch Pilze mitverwenden, die dem Gericht eine besondere Note verleihen.

Sie können den Geschmack der Sauce außerdem verändern, indem Sie den Knoblauch durch eine gedünstete Zwiebel ersetzen. Statt Nori können auch Meeresspaghetti oder Wakame verwendet werden, jedoch müssen diese 20 Minuten gekocht werden, bevor Sie zu der Sauce gegeben werden können.

62. Auberginenpastete mit Haselnusssauce und Nori

Zutaten

1 Aubergine, im Ofen gebacken

1 Essl. Noriflocken, geröstet

1 Essl. Haselnusssauce mit Algen oder 25 g geröstete Haselnüsse

1 Knoblauchzehe

1 Prise Kräutersalz oder Instant-Algen

2 Essl. Olivenöl

1 Prise frisches Basilikum

Zubereitung

In ein zum Pürieren geeignetes Gefäß zunächst die gebackene und geschälte Aubergine geben. Die gemahlene Nori-Alge dazugeben, die zuvor 3 Minuten in einer Pfanne geröstet wurde. Und zuletzt die Haselnusssauce, den Knoblauch, das Salz und das Öl hinzufügen. Pürieren, bis es eine cremige und homogene Masse ergibt. In eine Servierschale füllen und mit dem frischen Basilikum dekorieren.

Tipp

Diese Pastete ist sehr leicht zuzubereiten und kann eine exzellente Ergänzung in der Küche sein. Sie schmeckt gleichermaßen für ein Sandwich oder auf einem Kanapee, das wir mit einem Streifen eingelegter Paprika dekorieren können, um dem Ganzen einen farblichen und geschmacklichen Kontrast zu verleihen. In einem luftdicht verschlossenen Einmachglas kann die Pastete 3 Tage aufbewahrt werden und wenn Sie sie im Wasserbad haltbar machen, kann sie in der Vorratskammer aufgehoben werden, bis Sie sie benötigen.

Wir können diese Pastete auch als Sauce für Spaghetti verwenden oder auch um Cannelloni zu füllen. In diesem Fall 2 Scheiben dänischen Käse dazugeben, er gibt der Masse mehr Festigkeit und vereinfacht das Füllen.

Auberginenpastete mit Haselnusssauce und Nori – Rezept Nr. 62

Suppe mit Nori und Meeresspaghetti

(siehe Rezept Nr. 32)

Fischsuppe mit Wakame und Nori

(siehe Rezept Nr. 6)

Avocado-Schiffchen gefüllt mit Meeresfrüchten

(siehe Rezept Nr. 22)

Kartoffelkuchen mit Anchovis, Dulse und Nori

(siehe Rezept Nr. 26)

Seebrasse aus dem Ofen mit Kartoffeln, Wakame und Nori

(siehe Rezept Nr. 10)

Kürbisbeutel mit Kombu und Nori

(siehe Rezept Nr. 48)

Pizza mit Nori und Meeresspaghetti

(siehe Rezept Nr. 39)

Kroketten mit Seehecht, Kombu und Nori

(siehe Rezept Nr. 46)

Wie man Agar-Agar zubereitet

Agar-Agar ist in Flocken, Streifen und Blättern erhältlich. Als **natürliche Gelatine** wird es zur Zubereitung von Rezepten verwendet, bei denen eine gelatineartige oder sämige Konsistenz notwendig ist: verschiedene Nachspeisen, Flans, süße und salzige Törtchen, Pudding, Cremes, Pürees, Saucen etc.

Agar-Agar schmilzt bei Temperaturen über 85° C und wird bei Temperaturen unter 38° C fest. Deshalb muss Agar-Agar nicht gekühlt werden, um die Gelatine zu erhalten – eine Sache, die bei der tierischen Gelatine nötig ist.

Wegen seiner Neutralität in Geschmack, Farbe und Geruch kann Agar-Agar für **Süßspeisen** (Nachspeisen) ebenso wie für **salzige Speisen** (Eintöpfe, Saucen) verwendet werden, wobei 8 Minuten Kochzeit ausreichend sind, um es vollständig aufzulösen. Indem wir die verwendete Menge variieren, erhalten wir die gewünschte Konsistenz.

- **Roh**

In Flocken streut man es direkt wie ein Gewürz über Salate, Cremes, Suppen. In Streifen weicht man es zuvor für 5 Minuten ein.

- **Gekocht**

Ein Esslöffel Agar-Agar als Geliermittel in Flocken (3 Gramm) wird **8 Minuten** in 1/2 oder auch in 1 Liter Flüssigkeit gekocht, je nach der gewünschten Konsistenz, die nach dem Abkühlen erreicht werden soll. Dies funktioniert mit allen Flüssigkeiten.

3 g in 1/2 Liter ergeben eine feste Masse und in 1 Liter ergibt sich eine deutlich weichere Konsistenz.

Man löst das Agar-Agar in **Wasser, Milch, Saft, Mixgetränken** etc. Es bildet eine feste, **gelatineartige** Konsistenz in **Flan, kalten Törtchen** etc. oder eine sehr cremige Konsistenz, wenn wir weniger Agar verwenden: **süße und salzige Cremes, Saucen, Pürees** etc.

Es bindet auch **Kompott, Marmelade und Konfitüre.**

Wegen seines bindenden und glänzenden Effekts kann Agar-Agar auch Eier ersetzen (siehe Rezepte).

- **Im Ofen**

Um süßem und salzigem **Kuchen (Gemüsekuchen)** eine glatte Form zu verleihen und das Aufreißen zu verhindern oder einfach um die Konsistenz zu binden.

Kann Ei ersetzen.

Rezepte mit Agar-Agar

63. Quarktorte mit Waldbeeren

Zutaten
4 Eier
1 Essl. warmes Wasser
120 g Fruchtzucker oder Rohrzucker
100 g Mehl, Typ 1050
20 g Maismehl
1/2 Teel. Natriumkarbonat

Für die Füllung
3 Essl. Agarflocken
500 g Quark
150 g Fruchtzucker
abgeriebene Schale von einer halben unbehandelten Apfelsine oder Zitrone
400 g Schlagsahne
250 g Waldbeerenkonfitüre (ohne Zucker)
eine Handvoll frische Waldbeeren zum Garnieren

Zubereitung
Für den Biskuitteig Dotter und Eiweiß trennen. Eigelb mit dem warmen Wasser mischen, den Fruchtzucker einrieseln lassen und rühren, bis eine cremige Masse entsteht. Mehl mit Natriumkarbonat und Maismehl vermischen und zu der Eigelbmasse geben. Eiweiß mit einer Prise Salz zu Eischnee schlagen und sorgfältig unter den Teig heben. Den Teig in eine gefettete Springform füllen und im vorgeheizten Backofen bei 200 Grad 20 Minuten backen. Abkühlen lassen, aus der Form nehmen und den Teig waagerecht halbieren.
Inzwischen den Quark mit Fruchtzucker und der abgeriebenen Schale der Apfelsine oder Zitrone vermischen. Die Agarflocken in einem Topf

mit etwas Wasser 8 Minuten kochen, bis sie vollkommen gelöst sind, und lauwarm werden lassen. Bevor das Agar erstarrt, den Quark und die Sahne sorgfältig unterheben.

Auf dem Teig jeweils eine Schicht Konfitüre und Quarkcreme verteilen. Die Creme erstarren lassen und zuletzt die Torte mit den frischen Früchten garnieren.

Diese Torte kann ein schönes Geburtstagsgeschenk werden: Sie ist schmackhaft und bunt.

64. Hafertorte mit Apfelsinen und Trockenfrüchten (ohne Zucker und ohne Fruchtzucker)

Zutaten
1 Essl. Agar-Agar in Flocken
500 ml Hafermilch
60 g Rosinen
10 Nüsse
1 Teel. ganze Anis
1 unbehandelte Orange

Teig
300 g Vollkornmehl
100 ml Olivenöl
Salz
Wasser (etwa 10 Essl.)

Zubereitung
Für den Teig das Mehl mit dem Öl mischen, bis es locker wie Sand ist, und das Wasser hinzugeben. Den Teig kneten (nicht sehr stark) und mit einem Küchenpapier oder einem groben Baumwolltuch bedeckt eine halbe Stunde gehen lassen.

Den Teig ausrollen, in eine Backform geben und 15–20 Minuten mit einem Gewicht bedeckt (trockene Hülsenfrüchte) backen. In den letzten 5 Minuten das Gewicht wieder herunternehmen, damit der Teig bräunen kann.

Für die Hafercreme die Hafermilch mit dem Agar-Agar, dem Anis, den Nüssen und der Hälfte der Orangenschale auf den Herd stellen. Alles für 8 Minuten kochen lassen und die Orangenschale entfernen. Schon ist die Creme fertig.

Wenn der Teig fertig ist, geben wir die Hafercreme darauf, lassen sie ein wenig fest werden und fügen die gehackten Nüsse und die in Scheiben geschnittene Orange dazu.

Nachdem die Torte fest geworden ist, kann man sie verzehren.

65. Quarkvulkan mit Ananas

Zutaten

3 Essl. Agar-Agar Flocken
4 Scheiben Ananas aus einer hochwertigen Konserve (ohne Zucker, unbehandelt)
250 g Rohrzucker oder 225 g Fruchtzucker
1/2 Glas Ananassaft oder Apfelsaft
250 g Quark
150 g leicht geschlagene Sahne
2 Eier (Eigelb und Eiweiß getrennt)
Saft von 1/2 Zitrone
ein wenig Butter für die Form

Zubereitung

Zunächst die Ananas mit dem Saft der halben Zitrone pürieren, bis ein sehr feines Püree entsteht.

Den Quark einige Sekunden darunterschlagen, bis er gut untergemischt ist.

In einem Topf den Ananassaft mit dem Agar-Agar erhitzen und rühren, bis es sich komplett gelöst hat. Vom Herd nehmen und abkühlen lassen, bis es lauwarm ist. Dann das Püree aus Quark und Ananas dazugeben.

Das Eigelb und den Zucker in eine Schüssel im Wasserbad geben und rühren, bis eine feste Creme entsteht. Vom Herd nehmen und die Creme mit dem zuvor Vorbereiteten vermischen, die Sahne und das zu Schnee geschlagene Eiweiß dazugeben.

Eine Puddingform für 4 Personen mit etwas Butter bestreichen und die zuvor vorbereitete Masse hineingießen.

Im Kühlschrank 24 Stunden erkalten lassen.

Den Vulkan auf eine Servierplatte stürzen, die wir mit einigen halbierten Ananasscheiben dekorieren, die in Form eines Kranzes verteilt sind. Zuletzt können wir durch einen Farbkontrast Akzente setzen, einige Brombeeren oder Himbeeren sind sehr gut geeignet.

66. Mandelpudding (ohne Ei)

Zutaten für 6 Portionen
2 Essl. Agar-Agar Flocken
4 Essl. Mandelcreme oder -püree
oder auch 200 g geschälte und pürierte Mandeln
1/2 Liter Soja-, Hafer- oder Reismilch
150 g Rohrzucker oder (125 g Fruchtzucker)
1/2 l Schlagsahne oder Sojacreme
Vanille

Zubereitung
Das Agar in ein Gefäß mit lauwarmem Wasser geben. Währenddessen, sofern wir keine Mandelcreme haben, die rohen Mandeln in kochendem Wasser brühen, abtropfen lassen und ihre Haut abschälen und schon können wir sie pürieren, so dass wir das Mandelpüree erhalten. Wenn Sie diesen Prozess beschleunigen wollen, können Sie getrocknete Mandeln verwenden, die sich leicht schälen lassen.
Die Sojamilch mit der Vanille, dem Mandelpüree und dem Zucker in einen Topf geben. Bei sehr kleiner Hitze bis zum Sieden kochen und mit Hilfe eines Holzlöffels konstant rühren. Das Agar dazugeben und 8 Minuten weiterkochen, ohne mit dem Rühren aufzuhören. Vom Herd nehmen und in kleine Puddingschalen verteilen. Bei Zimmertemperatur abkühlen lassen und zuletzt im Kühlschrank kühlen und dort bis zum Verzehr aufbewahren.

Tipp
Zum Dekorieren des Puddings eignen sich sehr gut einige Zitronenstreifen, ein paar geröstete Mandeln oder einige frische in sehr feine Scheiben geschnittene Feigen. Sie können einen sehr interessanten farblichen und geschmacklichen Kontrast bilden.

67. Haselnussagar

Zutaten für 6 Portionen
2 Teel. Agar-Agar Flocken
1/2 Liter Milch (oder Soja-, Hafer- oder Reismilch)
1 Zimtstange
1 Vanilleschote
10 Kardamomkapseln (optional)
150 ml Sahne aus Kuhmilch oder Soja
125 g Haselnusscreme (4 Essl.)
100 g Rohrzucker
1 Essl. Rosenwasser
frische Blütenblätter und eine kleine Handvoll pürierte Haselnüsse für die Dekoration

Zubereitung
Zuerst öffnen wir die Kardamomkapseln und achten dabei darauf, dass wir keinen der Samen verlieren. In einem Topf bringen wir die Milch mit den Kardamomsamen, dem Zimt, der Vanille und dem Rohrzucker zum Kochen. Dabei konstant rühren, bis sich der Zucker vollständig aufgelöst hat. 30 Minuten ruhen lassen, damit die Gewürze ihren Geschmack in der Milch entfalten können, und dann filtern. Dann die Agar-Agar-Flocken hinzugeben und 8 Minuten kochen. Die restlichen Zutaten hinzufügen. Die vorbereitete Masse in kleine Puddingschalen geben und bei Zimmertemperatur ruhen lassen.
Zuletzt im Gefrierfach für eine halbe Stunde einfrieren. Danach aus der Form nehmen und auf schönen Desserttellern platzieren.
Sie können den Pudding mit einigen Haselnüssen und Blütenblättern dekorieren.

Haselnussagar – Rezept Nr. 67

68. Birnenagar

Zutaten
3 Essl. Agar-Agar-Flocken
1 kg reife Birnen
50 g geröstete und pürierte Mandeln (oder 2 Essl. Mandelcreme)
1/4 l geschlagene Sahne
1/2 l Birnensaft (wenn möglich frisch hergestellt oder aus einer Flasche
von guter Qualität)
Rohrzucker oder Fruchtzucker

Zubereitung
Zuerst weichen wir das Agar-Agar in dem Birnensaft ein.
Währenddessen schälen und raspeln wir die Birnen und mischen sie mit
den Mandeln und der geschlagenen Sahne, bis alles gleichmäßig verteilt ist.
Das Agar bei kleiner Hitze 8 Minuten kochen und gerade wenn es beginnt sich abzukühlen und bevor es fest wird, die vorbereitete Mischung
unter Rühren dazugeben. Und schon können wir das Ergebnis in eine
runde Puddingform schütten, die wir zuvor mit kaltem Wasser ausge-
spült haben.
Mindestens für 2 Stunden in den Kühlschrank stellen. Danach können
wir den Pudding schon stürzen und servieren, wobei wir jeden Teller mit
einigen feinen Birnenscheiben dekorieren und mit Rohrzucker bestreuen.

Tipp
Statt Mandelcreme oder -püree können wir auch Haselnusscreme verwenden.
Oder wenn Sie eine geschmeidigere Konsistenz in der Art einer Mousse
bevorzugen, können Sie statt 3 Esslöffel Agar-Agar die Dosis auf 2 Esslöffel reduzieren. Die Art der Zubereitung bleibt gleich, wobei das Ergebnis
recht unterschiedlich ist.

69. Kalte Limetten-Mousseline mit Agar

Zutaten

1 Essl. Agar-Agar-Flocken
4 Essl. Wasser, um das Agar-Agar aufzulösen
4 Eier (Eigelb und Eiweiß getrennt)
100 g Fruchtzucker
2 Teel. fein geriebene Zitronenschale
2 Teel. fein geriebene Limettenschale
(oder Zitrone, falls keine Limette vorhanden)
4 Essl. frisch gepresster Zitronensaft
4 Essl. Limettensaft (oder Zitronensaft, falls keine Limette vorhanden)
175 ml leicht geschlagene Sahne

Für die Dekoration

Einige Streifen Limetten- vermischt mit Zitronenschale. Einige Blättchen frische Minze. Fall Sie keine Limetten zur Hand haben, können Sie das Rezept auch nur mit Zitronen zubereiten.

Zubereitung

In einer großen Schale das Eigelb mit dem Fruchtzucker zu gutem Schaum schlagen, den Fruchtsaft und die geriebene Limetten- und Zitronenschale dazugeben und im Wasserbad kochen, bis es sämig und schaumig ist, ohne dabei mit dem Rühren aufzuhören, damit es nicht anbrennt. Vom Herd nehmen und weiter rühren, bis es lauwarm ist.
Das Agar-Agar in einem anderen Topf mit den 4 Esslöffeln Wasser kochen. Sobald es sich gelöst hat und lauwarm ist, die zuvor vorbereitete Masse dazugeben. Die Mischung etwa 20 Minuten ruhen lassen. Wenn wir sehen, dass es beginnt fest zu werden, die halb geschlagene Sahne und das zu Schnee geschlagene Eiweiß hinzufügen. Mit einem Holzlöffel unter sanftem Rühren untermischen, bis eine homogene Masse entsteht. Die Mischung in eine große Dessertschüssel gießen und mindestens 4 bis 6 Stunden im Gefrierfach einfrieren. Gefroren servieren, dekoriert

mit einigen Streifen Limetten- und Zitronenschale und einigen Blättchen frischer Minze.

70. Pflaumen- und Apfelcapriccio (ohne Zusatz von Zucker oder Fruchtzucker)

Zutaten

2 Essl. Agarflocken

150 g trockene Pflaumen

5 Äpfel, Golden Delicious

Saft einer halben Zitrone

3 Essl. Mandelcreme oder -püree oder 100 g gehackte Mandeln

Zubereitung

Die Pflaumen in Stücke schneiden und in Wasser einweichen. Agarflocken dazugeben und inzwischen die Äpfel schälen und in Stücke schneiden. Die Apfelstücke in einen Topf geben, bis zur Hälfte mit Wasser bedecken, die Pflaumen mit dem Einweichwasser zufügen und 8 Minuten kochen. Danach mit dem Mixer zu einer feinen Creme pürieren. In eine Kastenform füllen und im Kühlschrank kalt werden lassen. Mit feinen Apfelscheiben und Minzeblättern garniert kühl servieren.

Tipp

Dieser erfrischende Nachtisch ist für Menschen geeignet, die Ei, Milch oder Zucker meiden müssen oder möchten, da diese Bestandteile nicht enthalten sind.

Pflaumen- und Apfelcapriccio – Rezept Nr. 70

Chicorée-Salat mit Dulse und Agar-Agar

(siehe Rezept Nr. 20)

Avocado-Schiffchen gefüllt mit Meeresfrüchten

(siehe Rezept Nr. 22)

Salatherzen mit Dulse und Meeresspaghetti

(siehe Rezept Nr. 30)

Kartoffelkuchen mit Anchovis, Dulse und Nori

(siehe Rezept Nr. 26)

Meeresspaghetti-Quiche (ohne Milch und ohne Ei)

(siehe Rezept Nr. 41)

Wie man Irisches Moos zubereitet – Rezepte

Als Nahrungsmittel ist sein Geschmack ziemlich neutral, weswegen es sich dazu eignet, Suppen, Pürees oder Nachspeisen zu binden und zu verfeinern. Es ist einfach zu kochen: 20 oder 35 Minuten in kochendem Wasser.

71. Salat mit Irischem Moos

Zutaten
15 g Irisches Moos
4 Tomaten
2 Avocados
6 Spargel
Olivenöl

Zubereitung
Die Tomaten vierteln, die Avocado in Streifen und die Spargel in Stückchen schneiden. Das Irische Moos kochen, bis es zart ist (etwa 30 Minuten).
Man füllt den Teller, indem man zuerst ein Stück Tomate platziert, in der Mitte die Avocado, zwischen der Avocado und der Tomate die Spargel und am Tellerrand das Irische Moos. Das Ganze mit einem Schuss Olivenöl und Salz nach Belieben anrichten.

72. Rührei mit Irischem Moos, Zwiebeln und Knoblauch

Zutaten für 4 Personen
Irisches Moos (20 g)
4 Knoblauchzehen
4 mittelgroße Zwiebeln
4 Eier
Olivenöl
Meersalz

Zubereitung
Wir schneiden den Knoblauch und die Zwiebel in kleine Würfel. Wir kochen das Irische Moos so lange, bis es weich ist (30 Minuten).
In einer Pfanne mit Öl braten wir den Knoblauch und die Zwiebeln mit etwas Salz an, geben das gekochte Irische Moos hinzu und lassen alles etwa fünf Minuten köcheln.
Zuletzt fügen wir die verquirlten Eier hinzu, bis sie nach unserem Geschmack gestockt sind.

73. Irisches-Moos-Sirup gegen Erkältung

Zutaten
25 g Irisches Moos
3/4 Liter Wasser
2 Limonen
Honig

Zubereitung
1 Stunde kochen lassen. Die Alge in Wasser auflösen. Durchsieben, falls feste Rückstände vorhanden sind.
Wir bereiten den Limonensaft vor und geben ihn zuletzt zusammen mit dem Honig zu den Algen.

4. KAPITEL:

Ein sehr heilkräftiges Gemüse

Deine Nahrung als Medizin

Im Verlauf des 2. Kapitels haben wir uns bereits mit den grundlegenden Auswirkungen beschäftigt, die der Verzehr von Algen auf unsere Gesundheit hat. In diesem Kapitel sammeln und bündeln wir die relevantesten medizinischen Aspekte, die bis heute erforscht und erwiesen sind. Die Algen sind wegen ihrer herausragenden Wirkung als Impfstoff gegen die Krankheiten unserer Zeit anerkannt, und damit werden wir uns auf den folgenden Seiten, wenn auch nur sehr knapp, beschäftigen.

Es ist spektakulär, was man in den letzten Jahren herausgefunden hat ... dennoch sind wir immer noch am Anfang der Untersuchungen und der verdienten Anerkennung, die diesen sehr alten Lebewesen gebührt, die außerdem in unserer Epoche in hohem Maß therapeutisch zu wirken scheinen.

Eine uralte Weisheit

Seit Tausenden von Jahren werden Algen als Heilmittel verwendet. Die ersten Überlieferungen, über die wir verfügen, stammen aus einer medizinischen Abhandlung aus dem altertümlichen China (nicht weniger als 2700 vor Christus), in der die Algen für diverse Krankheiten empfohlen werden: Es handelt sich um eine Abhandlung von Shen Nung. Im Abendland war der medizinische Gebrauch der Algen bei Küstenbewohnern sehr verbreitet wegen ihrer Nähe zu und ihrer Vertrautheit mit sämtlichen Ressourcen des Meeres. Ohne die wissenschaftlichen Hintergründe zu kennen, nutzten unsere Vorfahren die Algen als Heilmittel, die sich als sehr effektiv für die Behandlung folgender Krankheiten erwiesen: Husten und Erkältungen, Rheumatismus, Gicht, Magengeschwüre, Hautkrankheiten, Kropf, Skorbut, Durchfall, Darmparasiten, Menstruationsbeschwerden, Bluthochdruck, Arterienverkalkung etc.

Heute verfügen wir über die Analysemöglichkeiten, um die jeweilige Substanz oder die aktiven Substanzen für Hunderte von Störungen zu bestimmen und einzugrenzen. Die Algen werden immer bekannter und häufiger genutzt, nicht nur wegen ihrer Effizienz, die teilweise der von herkömmlichen Medikamenten überlegen ist, sondern auch wegen des Ausbleibens von Nebenwirkungen.

Die altertümlichen, praktischen Erfahrungen der Populärmedizin sind heute anerkannt und durch die neuesten Fortschritte der Forschung untermauert und abgesichert worden.

Die besagten bioaktiven Substanzen sind in Arzneimitteln des heutigen Gebrauchs und in zahlreichen Nahrungsergänzungsmitteln enthalten. Widmen wir uns den grundlegenden medizinischen Eigenschaften der Meerespflanzen.

Wichtigste Heileigenschaften

Cholesterinspiegel-Kontrolle

Das Vorhandensein von Cholesterin wird erst dann schädlich, wenn es eine angemessene Menge überschreitet. Genauer gesagt handelt es sich um das Cholesterin, das mit den Lipoproteinen von niedriger Dichte, LDL-C (das ist das schlimme Cholesterin!), verbunden ist, was eine genauere Kontrolle erfordert.

Der Überschuss ist die meistverbreitete Ursache für Hyperlipoproteinämie, was, wenn es nicht reguliert wird, zu Arterienverkalkung und kardiovaskulären Krankheiten führt. Diese durch einen erhöhten Cholesterinspiegel im Plasma und durch Bluthochdruck entstandenen Krankheiten sind die derzeit häufigsten Todesursachen. Tierisches Fett, Hartkäse, Weißmehlprodukte und Gebratenes sind die Hauptursachen dieser Plage des 21. Jahrhunderts.

Der cholesterinreduzierende Effekt, der den Algen eigen ist, ist unter anderem dem Jod und den Phycololloiden zuzuschreiben. Das sind charakteristische **Algenfasern** (siehe Abschnitt über die Ballaststoffe, die den Cholesterinüberschuss bekämpfen, wegschwemmen und reduzieren. Man hat den cholesterinsenkenden Effekt in zahlreichen Algensorten nachgewiesen, und alle sind auf diesem Gebiet mehr oder weniger wirksam, wobei der Wirkstoff Laminin, der aus den Laminaria (Kombu) gewonnen wird, einer der aktivsten Wirkstoffe ist.

Außerdem sind die langkettigen, **mehrfach ungesättigten Fettsäuren**, Omega-3 und Omega-6, in den Algen enthalten, die sehr effektive Helfer zur Regulation des überschüssigen Cholesterins im Blut sind. Auch wenn die Algen noch viel mehr zur Gesundheitsförderung beitragen, wäre schon allein das ein ausreichender Grund, um den Algenkonsum in der Ernährung von Millionen von Menschen zu erhöhen.

Flüssiger Blutkreislauf

Die Algen haben eine sehr positive Wirkung auf die Durchblutung, vor allem wegen ihrer bereits erwähnten Fähigkeit, den Überschuss an Cholesterin und Triglyceriden zu reduzieren. Triglyceride sind Substanzen, die im Falle eines Überschusses in den Blutgefäßen zu Ablagerungen und Verengungen führen.

Neueste Untersuchungen haben ergeben, dass in den **Braunalgen antithrombotische Substanzen** von niedrigem molekularen Gewicht enthalten sind, die kardiovaskulären Krankheiten vorbeugen.

Das **Fucoidin** weist eine gerinnungshemmende und verflüssigende Wirkung auf, ähnlich der des Heparins, aber ohne dessen Nebenwirkungen. Die Laminaria-Algen beinhalten den Wirkstoff *Laminin*, der bereits als cholesterinspiegelsenkend genannt wurde und der außerdem einen **gefäßerweiternden** und gerinnungshemmenden Effekt aufweist, der die Bewässerung des Gewebes und der Gelenke begünstigt und die Muskulatur der Arterienwände entspannt, was zu einem **blutdrucksenkenden** Effekt führt. Weiterhin hat man die **gerinnungshemmende** Wirkung in den Karrageenen der **Rotalgen** erkannt.

Die mehrfach ungesättigten Fettsäuren der Algen, wie die Eicosapentaensäure und die Arachidonsäure, agieren als Vorläufer der Prostaglandine, die als regulierende Hormone in vielen unserer Stoffwechselprozesse und als Prävention gegen kardiovaskuläre Erkrankungen wirken.

Zu all dem muss man das Vorhandensein der Aminosäure **Taurin** erwähnen, die erwiesenermaßen ein Molekül gegen **Arterienverkalkung** und erhöhten Cholesterinspiegel ist.

Aktiver Stoffwechsel

Die Algen üben einen aktivierenden Effekt auf die endokrinen Drüsen aus, sie verbessern die Grundfunktionen des Stoffwechsels und treiben ihn an. Das ist größtenteils dem Jod zuzuschreiben, einem Spurenelement, das in großen Mengen in allen Algen vorhanden ist. Dieses Spurenelement trägt außerdem dazu bei, dass Glukose und Fette abgebaut werden, und erhöht die neuro-muskuläre Aktivität. Die Effekte der von der Schilddrüse produzierten Hormone wirken sich praktisch auf alle Gewebe des Organismus aus und sind sehr verschieden. Das Vorhandensein von Jod in den Algen macht deren Konsum vor allem in Fällen von Hypothyreose und Kropf empfehlenswert. Trotzdem müssen Personen, die an Hypothyreose leiden, unbedingt ihren Arzt konsultieren.

Die Abwehrkräfte stärken

Die Algen weisen einen **antimikrobiotischen** und **antiviralen** Effekt auf, der in manchen Fällen höher ist als der von klassischen Antibiotika, wie dem Penicillin und dem Streptomyzin. Die virenbekämpfende Wirkung hängt mit den sulfatisierten Polysacchariden zusammen, die vor allem in den Rot- und Braunalgen enthalten sind. Diese Substanzen verhindern die Infektion in ihrer Entstehungsphase, indem sie das Virus daran hindern, in die Zelle einzudringen. Die Fucales von niedrigem Molekulargewicht (FBPM), die auch Thrombosen verhindern, weisen eine sehr signifikante Virenbekämpfungsfunktion auf (Patrick Durand in „Las

Algas una alternativa de Futuro") (4). Möglicherweise greifen die Polysaccharide, die Fucanos, Karrageen und Porfiranos genannt werden, zusätzlich zu bestimmten Lipiden der Algen in die Ausbreitung eines Tumors ein. Eine Studie, die sich mit 91 Atlantikalgen beschäftigt, kam zu dem Schluss, dass die Mehrheit davon Substanzen mit krebsbekämpfender Wirkung aufweist. Und obwohl die tumorbekämpfenden Mechanismen noch nicht etabliert sind, können diese tumorhemmenden Substanzen zukünftig Heilmittel gegen Krebs sein (3).

Versuche mit Antibiotika auf Algenbasis haben sehr gute Ergebnisse bei der Bekämpfung von **Bakterien und Pilzen** ergeben. Man hat zum Beispiel einen speziellen Wirkstoff gegen den Pilz *Candida albicans* entdeckt, der vor allem in den *Cystoseira*- und *Bifucaria*-Algen enthalten ist – beide sind in Galicien reichlich vorzufinden.

In verschiedenen Studien mit über 150 Algensorten, die zwischen 1960 und 1977 durchgeführt wurden, hat man **sehr effektive antibiotische Substanzen** gegen Bakterien und Pilze gefunden (von denen 65 gegen die Familie der Staphylokokken wirksam sind) und zwei bestimmte Substanzen, die „*Sarganina*" oder „*Chonalgina*" genannt werden. „*Sarganina*" wirkt stärker gegen *Candida albicans* als *Penicillin*, *Streptomycin*, *Chlortetracylin* und *Nistidin*. Dies sind erfasste und vielversprechende Ergebnisse verschiedener Untersuchungen (3).

Bei Erkrankungen der **Atemwege**, wie Bronchitis, Grippe und Erkältungen, üben die Algen eine verflüssigende, antiseptische und entzündungshemmende Wirkung auf die Schleimhäute aus, die sie schützen und reinigen. Zu diesem Zweck ist das Irische Moos die meistgebrauchte Alge in verschiedenen Sirups und Absuden gegen Grippe.

Bei **Nieren- und Blasenleiden** sind Sargassum und Laminaria aufgrund ihres hohen Gehalts an antibakteriellen Substanzen besonders empfehlenswert, entweder innerlich angewendet oder auch in Sitzbädern.

Die **Gallenblase**, die von Membranen umgeben ist, sondert Sekret ab, wenn sie irritiert ist und produziert einen inneren Zustand, welcher Katarrh-ähnlich ist. Die tägliche Zufuhr von Algen hilft, diesen Sekretüberschuss zu neutralisieren und verhindert so die Bildung von Gallensteinen.

Entschlackung

Die Alginsäure und die galvanische Säure, beide in den *Laminaria* (Kombu) enthalten, sind Substanzen, welche die Absorption radioaktiv verseuchter Elemente verhindern, wie z. B. Strontium (das in der Umwelt am weitesten verbreitete Radioisotop, seit nukleare Experimente gestartet wurden), Radium, Barium und Kobalt. Die Laminaria verhindern nicht nur die Absorption der radioaktiv verseuchten Stoffe, sondern tragen auch dazu bei, diese zu vernichten, indem sie deren Ablagerung in den Knochen verhindern (Sloryna und andere Forscher der McGill Universität in Kanada, 1965). Die Alginsäure, die während des Verdauungsprozesses stabil bleibt, geht mit den schädlichen Substanzen eine Bindung ein und bildet unlösbare Algine, die über den Stuhlgang ausgeschieden werden (Seroussi: Les Medicaments de la Mer, 1980). Die Behandlung mit Alginen ist anerkannt gegen Vergiftungen durch Strontium und Radium (Hoppe, 1979) und wirkt so gegen andere innere „Gifte". Die „reinigende" Funktion der Algen bezieht sich außerdem auf bestimmte Schwermetalle wie Blei, Kadmium, Quecksilber und Arsen. Die Wakame-Alge beispielsweise beinhaltet einen Stoff, der Nikotinvergiftungen abschwächt.

Magen und Darm regenerieren

Die Algen schützen die Verdauungsorgane und werden zur präventiven und therapeutischen Behandlung von Geschwüren und Magen-Darm-Leiden verwendet. Das Karrageen zum Beispiel, das in der Rotalge *Chondrus crispus* (Irisches Moos) enthalten ist, setzt man wegen seiner schleimhautschützenden und entzündungshemmenden Wirkung zur Behandlung von Magengeschwüren ein. Das Kalzium-Alginat, das in einigen der *Laminaria*-Braunalgen (Kombu) enthalten ist, weist sehr nützliche vernarbende und entzündungshemmende Effekte gegen Hämorrhoiden, bei postoperativen Behandlungen und bei Darmparasiten auf (3). Die gleichen Substanzen sind in der Lage, die Rückflüsse des Magens und der Speiseröhre zu neutralisieren, und stellen damit ein effektives Säureneutralisierungsmittel bei Gastritis und Geschwüren im Zwölffingerdarm dar.

Die Alginsäure der *Laminaria* (Kombu) und ihre Natrium- und Magnesiumsalze sind gängige Inhaltsstoffe in zahlreichen kommerziellen Präparaten gegen Sodbrennen.

Die entzündungshemmende und entlastende Funktion der Algen wird auch bei anal-lokalen Anwendungen wie z. B. in Breiumschlägen und Cremes erprobt.

Ohne Verstopfung und ohne Durchfall

Wie wir bereits im Abschnitt über die Ballaststoffe gesehen haben, agieren die Meeresalgen als Regulatoren des Darmflusses, indem sie seine Flora schonen, die Wände und Muskeln des Kolons stärken und eine abführende und antiseptische Wirkung hervorrufen. Im Falle einer Verstopfung sind alle Algen gute Helfer, wobei das Agar-Agar vielleicht die Faser ist, die am direktesten wirkt. Wenn es auch paradox erscheint, man verwendet die Algen sowohl zur Behandlung von Verstopfungen als auch bei Durchfall, wegen ihrer Fähigkeit, Wasser zu absorbieren und die irritierten Membranen zu entlasten.

Hilfe Beim Bluthochdruck

Erhöhen die Algen den Blutdruck? Diese Frage wird häufig gestellt, da der Bluthochdruck mit einem zu hohen Natriumgehalt zusammenhängt. Wir werden sehen, was diese CSIC-Studie über galizische Algen sagt: „Natrium und Kalium sind die am häufigsten vorkommenden Mineralien in diesen Algen. Hohe Mengen an Natrium wurden mit einer Erhöhung des Blutdrucks in Verbindung gebracht. In dem Fall von Algen muss dieser Effekt jedoch in Beziehung zu anderen Mineralien wie Kalzium,

Magnesium und Kalium gesetzt werden, mit denen er ein ausgeglichenes Ganzes bildet. Die Algen enthalten auch hohe Konzentrationen an Kalium, das in hohen Dosen zum Schutz von Bluthochdruck und anderen kardiovaskulären Risiken angegeben wird. Die höchsten Kaliumspiegel im Verhältnis zu Natrium (Verhältnis zwischen 0,48 und 0,73) tragen dazu bei, Flüssigkeitsansammlungen und Bluthochdruck zu bekämpfen, ohne das Kaliumgleichgewicht zu beeinträchtigen. Darüber hinaus kann die Faser der Algen Natrium zurückhalten und es in den Fäkalien entfernen. All dies hilft zu erklären, warum Algen einen positiven Effekt auf den Bluthochdruck haben." (Vgl. Oberster Rat der Forschung für Wissenschaft und Universität Complutense – 2010) (40)

Parasiten- und Wurmbekämpfend

Die Mehrheit der **Wurmmittel** stammt aus Meeresalgen. Die Ulva, aus der Familie der **Grünalgen**, werden zur Behandlung von Darmirritationen angewendet, die durch Würmer entstehen. Die **Rotalgen** werden häufig zu diesem Zweck eingesetzt.

Schmerzlindernd und Entzündungshemmend

Zu den Irritationen, die mit Schmerzen und Entzündungen einhergehen und die man traditionell mit Algen behandelt hat, zählt man die Bindehautentzündung, die Augenlidentzündung, Rheumatismus, Arthritis, Fibrose und Neuritis, bei denen die Algen zur Neutralisation des Säureüberschusses beitragen und den Blutkreislauf stimulieren, wobei sie sowohl über den internen als auch den externen Weg lokal angewendet werden. Ein Produkt, das auf der Basis von Algen hergestellt und seit Jahren in Italien zur Behandlung der rheumatischen Arthritis verwendet wird, erwies sich ebenfalls als hilfreich bei 100 Patienten, die an Bronchitis oder einem Emphysem litten. Die in Form von Breiumschlägen, Umschlägen oder im Badewasser angewandten Algenextrakte lindern die rheumatischen Schmerzen und werden für die Thalassotherapie verwendet. In der Sportmedizin benutzt man Algenpflaster zur Bekämpfung von Muskelschmerzen.

Alkalisierend

Die Algen wirken einem Übermaß an Säuren entgegen, die über bestimmte Nahrungsmittel wie Fleisch, Zucker, Milchprodukte und Weißmehl aufgenommen werden, und erhalten einen gesunden pH-Wert in allen Körperflüssigkeiten: Blut, Lymphe, Speichel und Urin. Die anhaltende Übersäuerung verursacht den Verlust von Kalzium, Magnesium und anderen essenziellen Mineralien, außerdem den Verlust von Zähnen, Knochenbrüche durch Entkalkung und nervöse Veränderungen.

Fettarm, kalorienarm und ballaststoffreich

Es ist sehr empfehlenswert, die Algen als Nahrungsergänzung bei Behandlungen gegen Übergewicht und in Diäten zu integrieren, da sie Aminosäuren, Mineralsalze, Spurenelemente und Vitamine liefern, während sie arm an Lipiden und Kalorien sind.

Gleichzeitig bedecken die schleimigen Fasern, die reichlich in den Algen vorhanden sind, die Magenwände und vermitteln das Gefühl von Sattheit. Diese Eigenschaften verleihen den Algen die Fähigkeit, mögliche Mängel während einer gewichtsreduzierenden Diät auszugleichen, und erhöhen das Wohlbefinden während der Zeit der ernährungsbezogenen Einschränkungen. Man nutzt die Heilmittel der Algen als Regulationsmittel gegen Übergewicht, Cellulite und Dysfunktionen der Drüsen.

Natürliche Ergänzung für Vitamine und Mineralstoffe

Eine kleine, aber regelmäßige Menge von Algen in unserer alltäglichen Ernährung ist die beste Unterstützung für unseren täglichen Bedarf an Mineralien, Spurenelementen und essenziellen Vitaminen. Sie verhindern den Überschuss und das Ungleichgewicht bestimmter Stoffe, indem der Haut, dem Haar, den Zähnen, den Knochen und dem Blut alle diese Substanzen täglich in angemessenen, der Gesundheit zuträglichen Portionen zugeführt werden (und zwar zusammen, nicht einzeln).

Ein langes Leben mit Algen

Die Menschen, die häufig Meeresalgen in ihren Speiseplan integrieren, zählen zu den gesündesten, kräftigsten und langlebigsten des Planeten. Eine der Erklärungen dafür ist das Vorhandensein von Substanzen in den Algen, die **oxidationshemmend** sind und die Fähigkeit besitzen, **freie Radikale** zu neutralisieren, Moleküle, welche die Rückbildung und Alterung des Gewebes hervorrufen. Diese der Alterung entgegenwirkende Funktion verleihen ihr die Polyphenole, die Phycobiliproteine, die Karotine, Vitamin E, Vitamin C, Chlorophyll, essenzielle Fettsäuren, Enzyme und Phospholipide. All diese Substanzen finden wir vor allem in den Braun- und Rotalgen.

Unter den untersuchten Meeresalgen sind die Extrakte der *Laminaria* (Kombu) und *Himanthalia* (Meeresspaghetti) besonders aktiv als Antioxidantien. Außerdem verstärken ihre Polyphenole, Amine und Phospholipide die oxidationshemmende Wirkung des Vitamin E und agieren in Synergie mit diesem. (Drogas del Mar, Universität in Santiago, 1992) (3) Siehe in diesem Kapitel im Abschnitt *Die Meeresalgen: Schlüssel zur Gesundheit.*

Therapeutische Anwendungen der atlantischen Algen in der traditionellen Medizin

GRÜNALGEN:
Ulva (Meeressalat), Enteromorpha

Wurmtreibend, astringent, Behandlung von Gicht, krebsbekämpfend

BRAUNALGEN:
Laminaria (Kombu), Himanthalia (Meeresspaghetti), Undaria (Wakame), Fucus

Rheuma, Prävention und Behandlung von Arteriosklerose, Menstruationsbeschwerden, Bluthochdruck, Magengeschwüren, Kropf, Hautkrankheiten, Syphilis, Hyperglykämie, außerdem gerinnungshemmend

ROTALGEN:
Palmaria (Dulse), Porphyra (Nori), Chondrus (Irisches Moos), Gelidium (Agar-Agar)

Als Wurmmittel, antibakterielles und antimykotisches Mittel, als Mittel gegen Pilze und Viren, gerinnungshemmendes Mittel und bei Gastritis, Durchfall, Magenschmerzen, Verstopfung und Geschwüren

(Veröffentlicht von Xunta de Galicia, 1993) (1)

Medikamente zum Einnehmen mit atlantischen Algen

In Geschäften können wir verschiedene Arten von Dragees und Kapseln mit den folgenden Algen und ihren Indikationen finden:

Algen	Indikation
Fucus	bei Cellulite, gewichtsreduzierenden Diäten, als Abführmittel und Sättigungsmittel
Laminaria	entzündungshemmend, gegen Rheuma, gewichtsreduzierend, remineralisierend
Gelidium und Gracilaria	als Sättigungsmittel, gewichtsreduzierend, remineralisierend
Porphyra	diätisches Ergänzungsmittel, remineralisierend und proteisch

Die Unterwasserapotheke

In den 1960ern riefen Universitäten und Unternehmen der Pharmaindustrie die „Meerespharmazie" ins Leben. Das ist ein sehr neues und unerforschtes Spezialgebiet, das sich paradoxerweise mit den ältesten Lebewesen des Planeten befasst.

Die Suche nach den biologisch aktiven Bestandteilen und dem medizinischen Wert der Meeresalgen wird in der ganzen Welt weiter verfolgt. Die pharmazeutische Untersuchung des Meeres wird Fortschritte machen und die Suche nach alternativen Substanzen im Mittelmeer zunehmend verstärken, das viel weniger erforscht ist als das Land. Deswegen stellen die Algen jetzt ein Reservepotential an Substanzen dar, das es zu schützen und zu erhalten gilt, denn mit der Zeit wird man neue Eigenschaften entdecken, die viele Aspekte, die mit der orthodoxen Medizin zusammenhängen, lösen können.

(Drogas del Mar Universität in Santiago de Compostela, 1992) [3]

266

Übersicht über die medizinischen Eigenschaften

- Führen Mineralien und Vitamine zu
- Stärken, stimulieren und revitalisieren
- Aktivieren und erleichtern die Blutzirkulation
- Stärken der Abwehrkräfte: Stimulieren das Immunsystem
- Stärken die Knochen, das Haar und die Nägel
- Lösen den Cholesterinüberschuss auf
- Helfen, die angesammelten Fette zu verbrennen
- Helfen gegen Blutarmut
- Verjüngen: Wirken als Antioxidantien und bekämpfen freie Radikale
- Reinigen und alkalisieren
- Verflüssigen den Schleim der Luftröhre
- Bekämpfen Parasiten
- Wirken sättigend und abführend
- Regenerieren der Darmflora und die Schleimhäute des Verdauungsapparats
- Lindern den Schmerz und vermindern die Entzündung der Gelenke
- Reinigen und entgiften
- Bremsen das Wachstum der Tumorenzellen

Die Meeresalgen: Schlüssel zur Gesundheit (Von Mateo Magariños)

Es ist wahr, dass die Algen heute in den Medien positiv erwähnt werden. Und das ist völlig gerechtfertigt in Bezug auf einen Nährstoff, der uns quasi täglich neue Fähigkeiten auf dem Gebiet der Ernährung offenbart, die wissenschaftlich geprüft und empirisch belegt sind.
Erlauben Sie mir, hier ein Wort über den **herausragenden Wert der Algen als Faktor zur Bekämpfung der Alterung** zu sagen, den sie ihren zahlreichen Antioxidantien verdanken.

Man weiß, dass die aktiven Formen des Sauerstoffs Teil des menschlichen Stoffwechsels sind, wenn auch nur in sehr kleinen Mengen. So wird, wenn der Stoffwechsel nicht optimal funktioniert, also unter dem Einfluss von Stress (welcher Art er auch sei) und vor allem unter der Einwirkung von ultravioletter Strahlung, die Oxidation bzw. die Veränderung der Lipide unserer Membranen durch das übermäßige Auftreten der aktiven Formen des Sauerstoffs ausgelöst – allen voran beeinträchtigt das die wertvollen mehrfach ungesättigten Fettsäuren. Außerdem kommt es zum Abbau von Proteinen, Kohlenhydraten (Zucker) und ... unserer DNA. Die durch dieses Ungleichgewicht erzeugten freien Radikale beginnen, die Prozesse der Entzündung, der Hautalterung (mit dem Auftreten von kleinen und großen Falten) und zahlreicher Krankheiten, wie Hautkrebs oder Arteriosklerose, anzufachen bzw. zu verschlimmern.

Man hat erkannt, dass die Meeresalgen zahlreiche **schützende Enzyme** (unter anderem Superoxid-Dismutase, Ascorbinperoxidase und Katalase) und oxidationshemmende Komponenten verschiedener Art beinhalten, die erfolgreich gegen den oxidativen Stress angehen, indem sie die aktiven Formen des Sauerstoffs und der freien Radikale aufspüren und vernichten. Diese Antioxidantien, die uns so schützen, lassen sich in zwei Kategorien aufteilen: wasserlösliche und fettlösliche. Sie handeln voneinander unabhängig, verstärken sich aber oft gegenseitig.

- **WASSERLÖSLICHE ANTIOXIDANTIEN.**
Zu den in der aktuellen Wissenschaft am meisten beachteten gehören:

- **Die Polyphenole.** Diese sichern, alleine oder in Kombination mit den Vitaminen C und E, einen sehr interessanten Schutz gegen die freien Radikale, indem sie durch den Übergang zu Wasser die oxidativen Reaktionen buchstäblich zerstören. Ein wahrer Rambo im Kampf gegen die Alterung! Sie entpuppen sich außerdem als schützend gegen ultraviolette Strahlung, gegen Bakterien und Pilze und hemmen sehr wahrscheinlich auch die Entstehung von Karzinomen. Und noch mehr: Man hat eine tatsächliche Aktivität festgestellt ... Sie wirken desodorierend auf das Hautniveau. Werden wir den Tag erleben, an dem der Gebrauch von **Braunalgen** – die reich an Polyphenolen sind – das Deodorant nach der morgendlichen Dusche ersetzt?

- **Vitamin C, oder Ascorbinsäure.** Die Familie der Fucales (oder **Braunalgen**) ist reich an Vitamin C, jedoch sind sie nicht die einzigen Algen mit dieser Eigenschaft. Man weiß seit langer Zeit, dass Vitamin C die freien Radikale bekämpft und Vitamin E regeneriert.

- **Die Phycobiliproteine.** Sie sind die wesentlichen Sammelpigmente der Lichtenergie der Rotalgen und wirken in einer bestimmten Art und Weise, mit einer bestimmten Stärke wie ein Chlorophyll-„Turbo“, das Universalpigment der Pflanzenwelt. Als wahre biochemische und photo-biologische Wunder zeigen diese Substanzen eine klare entzündungshemmende und neuroprotektive Wirkung. Sie schützen uns und sind daher große Hoffnungsträger im Kampf gegen die neurodegenerativen Krankheiten, die durch den oxidativen Stress verursacht werden (besonders Alzheimer und Parkinson). Außerdem scheinen sie die Leber zu schützen und gegen Magengeschwüre und Kolonkrebs zu wirken.

- **Die Enzyme.** Unterstreichen wir hier vor allem die Superoxid-Dismutase (S.O.D.), die sehr vielseitig ist. S.O.D. ist auch als Unterstützung für Therapien gegen AIDS angedacht, um die Auswirkungen des Virus auf HIV-positive Patienten zu verringern.

- FETTLÖSLICHE ANTIOXIDANTIEN.

Zwei unumstößliche Grundpfeiler dieser Kategorie sind die Tocopherole, oder Vitamin E, und die Carotinoide. Auch auf diesem Gebiet sind die **braunen und roten** Algen absolute Meister und man kann sogar so weit gehen zu sagen, dass ebenjene, die **roten** Algen, während ihrer Entwicklung im Meer mit der Zeit das Carotin „erfunden“ haben, als Vorläufer des äußerst wertvollen Vitamin A.

- **Die Tocopherole oder Vitamin E.** Die Bedeutung von Vitamin E als mächtiges Antioxidantium ist weitläufig bekannt und wird dennoch weiterhin Objekt zahlreicher Untersuchungen sein. Seine Beta-Form wurde in zwei Arten unserer Atlantikalgen gefunden: Kombu (*Laminaria digitata*) und Dulse (*Palmaria palmata*). Es hat eine sehr interessante entzündungshemmende Wirkung und ist der effektivste Wirkstoff im Kampf gegen die Oxidation des LDL (des als gefährlich bekannten Cholesterins). Und es ist die erste Phase der Arteriengenese. Fügen wir hinzu – oder erinnern wir uns –, dass das Vitamin C und die Polyphenole, aber auch die Phospholipide, die oxidationshemmende Wirkung des Vitamin E verstärken.

- **Die Carotinoide.** Über **die Carotinoide** gibt es viel zu sagen. Ihre schützende Wirkung ist fabelhaft. Stellen wir lediglich fest, dass sie gegen die Auswirkungen ultravioletter Strahlung wirken, gegen die Verschlechterung der Sehkraft und gegen die Mehrheit der durch chemische Substanzen hervorgerufenen Krebsarten. Sie verursachen eine Erhöhung des HDL-Wertes, des „guten" Cholesterins, sie stimulieren und stärken das Immunsystem, verringern gastrische Entzündungen und senken die Risiken von koronaren Krankheiten und Arteriosklerose. Ein wahrer Segen!

- **Die Phospholipide.** Diese Familie – zu der besonders das Lecithin gehört, das aus bestimmten Landpflanzen, wie dem Soja und dem Sesam, wohlbekannt ist – hat zahlreiche biologische Funktionen in den **Braunalgen.** Diese Substanzen greifen in den Stoffwechsel der Fette ein und spielen, entweder in Synergie mit Vitamin E oder alleine, eine oxidationshemmende Rolle.

- **Die Derivate des Chlorophyll.** Einige, wie das *Pheophytin*, reagieren gegen die gefährlichen Peroxylradikale und vernichten diese. Man findet sie quasi in allen Algen – die ausnahmslos Chlorophyll enthalten –, aber vor allem in den **grünen** Algen, zu denen die hervorragende *Enteromorpha* gehört.

Zuletzt:

- **Die Bromphenole,** ihrerseits biologisch verwertbar, sind eine wahre Spezialität oder Einzigartigkeit der Meeresalgen und verfügen über oxidationshemmende Eigenschaften, die vor nicht allzu langer Zeit durch japanische Forscher bewiesen wurden.

Diese kurze Übersicht zeigt nur einen kleinen Teil der vielen positiven Eigenschaften der Meeresalgen.

Zusammen mit ihren zahlreichen anderen Eigenschaften und ihrer Fähigkeit zur Bekämpfung und Verlangsamung der Alterung verleihen die Algen – die in den Studien gleichermaßen wegen ihrer stimulierenden Wirkung auf das Immunsystem Aufsehen erregen – den Nährstoffen, die aus dem Meer kommen und dem europäischen Konsumenten noch wenig bekannt sind, den beneidenswerten Status des „**therapeutischen Nahrungsmittels**" in Bezug auf die Prävention und in vielerlei Hinsicht auch auf die Heilung.

Wir hoffen, dass dies im Zusammenspiel mit den Heilwirkungen dazu führt, dass der Konsument dieses Gemüse aus dem Meer annimmt, damit die Algen in Zukunft, genau wie in vielen orientalischen Ländern, ein fester Bestandteil unseres kulturellen Erbes im Bereich der Ernährung werden.

MATEO MAGARIÑOS
Doktor der angewandten Biologie an der Universität in Orleans (Frankreich), Ernährungsberater, Referent und Professor auf dem Gebiet der Meeresalgen und der Ernährung.
In Uruguay als Sohn galicischer Eltern geboren, lebt er in Frankreich, wo er zusammen mit seiner Frau Hélène seit 1988 das Seminar für Algen in der Bretagne leitet.

Kosmetik

Obwohl schon die **Ägypter, Römer und Griechen** die Algen zu diesem Zweck verwendeten, dauerte es bis zur Mitte des 20. Jahrhunderts, oder genauer gesagt bis in die 1970er Jahre, bis man die Algen vermehrt in kommerziellen Kosmetikprodukten einsetzte. Die bekannteste war Fucus und Frankreich erwies sich diesbezüglich als das dynamischste Land, berühmt für seine Kosmetik und führend hinsichtlich der Verwendung von Algen zu diesem Zweck. Es wurden Firmen gegründet, die sich der Untersuchung, Erschaffung, Herstellung und Kommerzialisierung kosmetischer Produkte mit Algen widmeten, die heute in jedem Laden in der Kosmetikbranche leicht gefunden werden können.

Das Jahr 1996 bildete einen Meilenstein für die Kosmetikindustrie, der aus dem **BSE**-Skandal resultierte und aus der Möglichkeit, dass diese Krankheit auf Menschen übertragen werden könnte. Aus diesem Grund wurden die tierischen Inhaltsstoffe in kosmetischen Produkten größtenteils durch rein pflanzliche Stoffe ersetzt. 1997 trat die neue europäische Kosmetikverordnung in Kraft, in der eine genaue Aufstellung der Inhaltsstoffe auf den Verpackungen verlangt wird. Die Algen waren bereits wegen ihrer verschiedenartigen und reichhaltigen Zusammensetzung sehr geschätzt und besetzten jetzt einen herausragenden Platz in diesem und anderen mit der Gesundheit verbundenen Bereichen. Heute sind sie Bestandteil von Cremes (gegen Cellulite, Feuchtigkeitscremes, Bräunungscremes), Schaumprodukten, Gels, Shampoos, Lotionen, Sonnenschutzcremes, Zahnpasten etc.

Ihre wertvollsten Inhaltsstoffe in der Kosmetik sind:

1. die Spurenelemente (Mangan, Magnesium, Kupfer, Eisen, Jod, Zink, Silicium),
2. die Mineralsalze (Kalium, Sodium, Carbonat, Kalzium und Magnesium),
3. die **Aminosäuren** (besonders Glutaminsäure, Asparagin und Alanin)
4. die **Pigmente** oder natürlichen Färbemittel, hinter denen sich ihr Chlorophyll „verbirgt",
5. die **Vitamine** E, C, A, B3, B5, B6, B12,
6. die **Polysaccharide**, die bereits in anderen Abschnitten behandelt wurden und die sehr wichtig sind für die Geschmeidigkeit, die Feuchtigkeit und die Widerstandskraft der Haut.

All diese Inhaltsstoffe sind die Grundlage der zahlreichen, positiven Effekte:

- Als Wirkstoff gegen **Cellulite**. Sie stimulieren den **zellulären Stoffwechsel**, die Mikrozirkulation der Haut und **regenerieren** das Hautgewebe. Sie begünstigen die Funktion der **Talgdrüsen** und den **Abtransport von Fetten und angehäuften Giften**.
- Sie spenden **Feuchtigkeit**, wirken beruhigend, sie glätten Falten und wirken tonisierend.
- Sie schützen vor **Infektionen**. Sie wirken **entzündungshemmend, antibakteriell** und **antimikrobiell**, vor allem dank ihrer schwefelhaltigen Bestandteile.
- Sie wirken **kräftigend** und **mineralisierend** auf **Haut** und **Nägel** und auch auf das Haar und halten sie flexibel, stark und glänzend.
- Bei der Entwicklung von Augenkonturenstiften und Lippenstiften verfügen die Algen beispielsweise über besonders leuchtende Färbemittel (*Phycobiliproteine*) und andere Farbstoffe (*Carotinoide* und *Xanthophylle*), die zusätzlich **oxidationshemmend** wirken (siehe Abschnitt *Die Meeresalgen: Schlüssel zur Gesundheit*).
- Die Lipidextrakte der Algen sind reich an mehrfach ungesättigten Fettsäuren des Typs Omega-3, mit einem bedeutenden Potential zur **Verjüngung** der reifen Haut. (Pascal Marchal, 1997, *Algas: una Alternativa de Futuro*) (4)

Cremen oder Baden?

Wir können uns sowohl eine Gesichtsmaske oder einen Umschlag auf der Basis von Algen und Tonerde zubereiten als auch zu Hause ein Bad einlassen:

1 **Die Maske** für die Haut können wir herstellen, indem wir zunächst Thymian kochen und anschließend gemahlene Algen (20 %) mit grüner Tonerde (80 %) in Wasser auflösen. Oder wir können genauso gut die fertige Mischung kaufen und Wasser dazugeben, bis eine Masse von angenehmer Konsistenz entsteht. Nach dem Auftragen auf die Haut für 20 Minuten einwirken lassen.

2 **Den Umschlag** stellen wir auf die gleiche Art und Weise her, im Verhältnis 20 % Algen + 80 % Tonerde, unter Beigabe von Wasser.
In beiden Fällen ist **zuvor eine Massage** notwendig, um die Wirkung im Körper zu verstärken.

3 Wir können die gemahlenen Algen auch unter das Massageöl mischen, wodurch sich die reinigenden und entgiftenden Effekte zusammen mit der Geschmeidigkeit des Öls einstellen.

4 In die mit 35–37° C heißem Wasser gefüllte **Badewanne** legen, einige Handvoll Algenblätter und 2 Handvoll Meersalz zugeben und den Körper während dem Baden massieren. Wir können die Algen auch in einen Handschuh aus Raphiabast geben und uns damit abreiben. Badedauer: 10–20 Minuten. Als Behandlung über 1 oder 2 Monate je 2 oder 3 Mal pro Woche durchführen. Vermeiden Sie es, das Mehl der Algen ins Badewasser zu geben, da es sich festsetzen könnte.

Um das Bad voll auszunutzen, schlagen wir vor, folgende Details zu beachten:

A   vor der Anwendung der Algen die Haut abreiben, säubern, massieren und stärken,

B   nach dem Bad den gesamten Körper kalt abduschen und dabei bei den Beinen beginnen, um den Kreislauf anzukurbeln und den Grundtonus wiederherzustellen. Ruhen und zuletzt, komplett in einen Bademantel eingehüllt, das neue Erlebnis der Entspannung und Erfrischung genießen.

Worauf warten Sie noch ...?

5. KAPITEL:

Vom Meer zur Erde

Algen als Viehfutter

Was Schafe betrifft, hat man schon seit jeher in vielen Küstengebieten Europas beobachtet, dass wenn die Schäfer ihre Herden bei Ebbe in den Algen weiden ließen, deren Wolle sich in Quantität und Qualität verbesserte und weicher und glänzender wurde, genauso wie die Haut elastischer wurde. Man erzählt sich die Anekdote von den Schafen auf den schottischen Orkney Inseln, die sich quasi ausschließlich von Algen ernährten (Irisches Moos, Dulse und andere).

In Galicien entfernte man die Fucus traditionell bei Ebbe von den Steinen, um sie an die Kühe und Schweine zu verfüttern.

Seit Beginn des 20. Jahrhunderts wurden die Atlantikalten durch die Algologen Sauvagean und Noroton auf wissenschaftlicher Basis zur Fütterung von Tieren eingesetzt.

Man fand heraus, dass die Algen nach einer Zeit der Umstellung in der Ernährung gut aufgenommen wurden, mit einem Anteil von 3–10 %.

Auf diese Weise dem Futter beigemengt, deckten sie den Bedarf des Viehs an Mineralien, Spurenelementen und bestimmten Vitaminen. Sie gaben ihm eine erhöhte proteische Qualität, regulierten den Verdauungsprozess und steigerten die Abwehr gegen Parasiten und Infektionen mit einem speziellen antibakteriellen Effekt, der den Darm schützt. Das Fell wurde stärker, seidiger und glänzender und die Haut elastischer, was scheinbar den Spurenelementen, wie z. B. Schwefel und Zink, zu verdanken war, die in den Algen enthalten sind.

Die Wirkung zeigte sich in spektakulärer Form bei leistungsschwachen, genesenden und hungrigen, trächtigen und säugenden Tieren.

Die Infektionskrankheiten und Parasiten gingen zurück, die Fruchtbarkeit erhöhte sich, die Menge der Milch vergrößerte sich und die Tiere lebten länger.

Man benutzt besonders trockene Blätter zur Verbesserung und Bereicherung der tierischen Ernährung. Führend unter den Ländern in diesem Bereich der Verwendung von Algen ist Norwegen, das die Sorten *Fucus, Ascophyllum, Laminaria* und *Alaria* in seiner Gesetzgebung aufgenommen hat, und alleine aus *Ascophyllum* etwa 15 000 Tonnen trockenes Mehl pro Jahr produziert.

Die norwegischen Behörden empfehlen, die Viehfutter-Mischung mit Algenmehl zu ergänzen.

Das Verhältnis schwankt in der Regel zwischen 3 und 20 % der Gesamtzutaten in Viehfutter für Schweine, Hühner, Kühe und Schafe. Besonders bei Legehennen hat man einen Anstieg in der Eierproduktion festgestellt sowie eine bessere Festigkeit der Schale, gelbere Eigelbe und einen erhöhten Jodgehalt. Die Milch von Kühen, die Algen gefressen haben, weist einen höheren Jodgehalt auf. Eine bekannte galicische Firma verkauft *Eier ohne Cholesterin* von Hühnern, in deren Futter Algen beigemengt wurden. Die Zugabe von Jod, dem für die Fortpflanzung und Ernährung sehr wichtigen Mineral, ist besonders wichtig bei Tieren, die mit Soja und Sorghum ernährt werden und die unter Jodmangel leiden.

Das Erstaunliche, sowohl bezüglich der Tiere als auch der Menschen und des Bodens, ist, dass die positiven Effekte, die sich durch den Gebrauch der Algen einstellen, das übertreffen, was aufgrund der Analyse ihrer Zusammensetzung (Spurenelemente, Vitamine, Fettsäuren, etc.) wissenschaftlich zu erwarten wäre. Deswegen arbeiten viele Forscher begeistert daran, alle bisher unbekannten Ursachen dafür zu finden.

Der Markt für Viehfutter mit Algen erlebt einen Aufschwung in Europa. Neben Norwegen ist Frankreich ein weiteres Land, das in diesem Bereich Fortschritte macht.

Die Algen in der Tierproduktion

Heutzutage ist es anerkannt, dass die Zugabe von gemahlenen Algen in der Tiernahrung positive Auswirkungen auf die Gesundheit der Tiere hat.

Algen als Düngemittel

Mit Algen zu düngen ist eine sehr alte Vorgehensweise, die sowohl in Galicien als auch in Europa bekannt und geschätzt ist.

Die Bewohner der Küstenregion Galiciens wissen dieses Mittel, das ihnen so vertraut ist, für ihren Anbau zu nutzen. Sie mischen die Algen mit Stroh und machen daraus sogenannte *Pillas*, was *Komposthaufen* mit wechselnden Schichten aus Meeresalgen und Landpflanzen (vor allem wildwachsenden Hülsenfrüchten, wie z. B. der bekannten Stechginster) sind. Man lässt sie gären und gibt sie dann auf die Felder wie jede andere Art von *Kompost*.

Man mengt sie außerdem Tiermist bei und tauscht sie wenn nötig sogar gegen diesen aus, man kann sie gut als Grunddüngemittel vor der Aussaat verwenden oder die Pflanzen in ihrer Wachstumsphase damit bedecken.

Die Algen zum Düngen gewinnt man aus den **höher gelegenen Zonen**, es handelt sich dabei um die Algenmengen, die von der Brandung und den Gezeiten abgerissen wurden und an die Küsten geschwemmt werden. Seit sehr langer Zeit sammelt man an den ungeschützten Küsten am offenen Meer verschiedene Braunalgen, die Argazo genannt werden (*Laminaria, Saccorhiza, Himanthalia*). Und an den geschützten Küsten (oder Rías) Grünalgen, die *Verdello* (*Ulva*) genannt werden, und Braunalgen, *Bucho* genannt (*Fucus* und *Ascophyllum*).

Wenn es ein erlesener Dünger von bester Qualität sein soll, sammelt man **Ascophyllum und Fucus.**

Ein Land mit einer Fülle solcher Algen, das in der Düngerproduktion (zusammen mit Mehl für Tierfutter) eine führende Rolle einnimmt, ist Norwegen, mit wichtigen Fabriken für die industrielle Verarbeitung von *Ascophyllum*. Beachten Sie die Übersicht über die Zusammensetzung dieser Alge, um sich exemplarisch eine Vorstellung von der Fülle an interessanten Substanzen zu machen, die sie enthält.

Derzeit gibt es Produkte von wichtigen **Düngemittelherstellern**, die auf der **Basis von Algen** hergestellt werden. Sobald in den fortschrittlichsten

Ascophylum nodosum (Siehe 5. Kapitel)

Bereichen der „konventionellen" Landwirtschaft mit organischen Düngemitteln gedüngt wird, kann man beobachten, dass sich die **schwerwiegenden Folgen** der chemischen Düngung, die man in den letzten Jahrzehnten durchgeführt hat, reduzieren:

- die Folgen für den Boden, der austrocknet und verarmt aufgrund des Mangels an organischen Stoffen,
- die Auswirkungen für die Pflanzen, die auf ihm wachsen und schwächer und anfälliger für Krankheiten sind,
- die Folgen zum Wohl der Landwirte, die sich dazu veranlasst sehen, täglich Produkte anzuwenden, die eindeutig giftig sind, um ihre Ernte zu retten, z. B. Pestizide und Herbizide,
- für die Konsumenten.

Es gibt bereits genug Gründe, um eine andere Richtung einzuschlagen: zu einem respektvollen Umgang mit der Natur zurückzukehren und mit ihr im Einklang zu leben, statt sie aufgrund einer kurzsichtigen und kurzfristigen Vision auszubeuten und die Erde wie eine Maschine zu behandeln, die uns zu Diensten ist.

In den letzten Jahren wurde ein neues wissenschaftliches Konzept verbreitet: die **Gaia**-Hypothese, die den Planeten als einzigartiges Lebewesen betrachtet … von dem wir alle ein Teil sind.

Die Bewegung der *ökologischen Landwirtschaft* (regulierender Rat der Ökologischen Landwirtschaft) verfestigt sich unter den Landwirten und gewinnt an offizieller Anerkennung, sie zielt auf einen respektvollen Umgang mit der Umwelt, dem Gleichgewicht und der biologischen Vielfalt ab.

Die *ökologische Landwirtschaft* gewinnt immer mehr Anhänger, da ein immer größerer Teil der europäischen Konsumenten bereit ist, mehr zu bezahlen für Nahrungsmittel, die auf natürliche Art und Weise angebaut und behandelt wurden.

Spanien ist eines der Länder, in denen die ökologische Landwirtschaft in den letzten Jahren stärker gewachsen ist, und daran orientieren sich andere, die nicht über die klimatische Verschiedenheit und natürlichen

Ressourcen verfügen, die hier anzutreffen sind (Ressourcen, zu denen z. B. auch die Algen zählen).

Ökologische Düngemittel stammen aus tierischen (Mist) oder pflanzlichen organischen Materialien. Den Algen wird als Teil dieses organischen Materials ein besonderer Stellenwert zugesprochen, um es zu ergänzen und ihm die Möglichkeit zu geben, die Mängel im Boden zu beheben.

Die Bedeutung dieser Algen für den Boden liegt in ihrem **Beitrag an Mineralien** und **organischem Material** und außerdem ihren **Hormonen** und **Spurenelementen**. Ihre Wirkung ist vielfach erwiesen, aber die aktuellen Erkenntnisse reichen nicht aus, um alle ihre hervorragenden Wirkungen zu erklären, welche die Erwartungen jener übersteigen, die sich mit Algen beschäftigen und sie nutzen. Deshalb befindet sich ihre Erforschung auf diesem Gebiet, wie auch in anderen hier bereits behandelten Bereichen, in vollem Gange.

Man hat herausgefunden, dass

- **sie das Wachstum** und den **Stoffwechsel der Pflanzen fördern,**
- **sie die Pflanzen resistenter machen** gegen Frost, Pilzbefall und Insektenplagen,
- **sie die Bodenstruktur verbessern** durch ihre Fähigkeit, Wasser zu absorbieren und durch Aufquellen zu speichern,
- **sie die Aufnahme nicht organischer Nährstoffe** aus dem Boden **erleichtern,**
- **sie die Haltbarkeit von Früchten verlängern.**

Wie bereits bekannt ist, sind Algen **sehr reich an Mineralien**, unter anderem an KAMLIUM. Sie enthalten **ebenso viel Stickstoff und organisches Material wie Mist.**

Die **Spurenelemente**, die, wenn auch nur in kleinen Mengen, für den Pflanzenanbau **sehr wichtig** sind, sind ebenfalls typisch für die Algen: Eisen, Magnesium, Kupfer, Zink, Molybdän, Schwefel, Kobalt, Bor, Mangan, Selen etc.

Ihren **pflanzlichen Hormonen**, *Auxinen, Cytokininen, Betainen* und *Gibberelinen*, schreibt man die Funktion der Regulation des Wachstums zu.

Bei der Verwendung von blättrigem Dünger auf der Basis von flüssigen Algenextrakten fand man heraus, dass das Saatgut besser keimt, die Früchte länger gelagert werden können und von besserer Qualität sind, die Aufnahme von Nährstoffen über die Wurzeln sich ebenso wie die Ernte verbessert und die Pflanzen ungünstigen Bedingungen standhalten. Nach der Düngung mit Algen ergaben sich positive Ergebnisse bei der Ernte von Kartoffeln, Artischocken, Obst, Tomaten, Rotrüben, Zuckerrohr, Saatgut etc.

Neben den enzymatischen Funktionen der Algen hat man pilzbekämpfende Eigenschaften entdeckt und Stimulantien für das Keimen und das Wachstum der Pflanzen.

All das hat sich unter Verwendung der Algen in **sehr niedriger Dosis** eingestellt, oder von Beginn an stark verdünnt, so dass es scheint, dass sie homöopathisch wirken.

Ihre verbindend-stabilisierende Wirkung bindet die Bestandteile des Bodens, was sich besonders in nährstoffarmen Gebieten als hilfreich erweist.

Besonders die Braunalgen *Ascophyllum*, *Fucus* und *Laminaria* wirken dank ihrer Algine

- **wasserspeichernd**
- **atmungsfördernd**
- **bodenverbessernd und**
- **stabilisierend**

Die Art der Anwendung ist sehr einfach: Man gibt die Algen in kleinen Mengen zum Mist. **Etwa 10 % getrocknete Algen** sind ausreichend.

Auf diese Art und Weise bilden die Algen einen Teil der Nährstoffe des Bodens und helfen den ökologischen Landwirten die Fruchtbarkeit ihrer Äcker und die Gesundheit ihres Viehs zu bewahren.

Tabelle der Zusammensetzung der Ascophyllum-Nodosum-Alge

Gramm pro 100 g getrocknete Algen

Proteine	Fette	Kohlenhydrate	Faser	Mineralien
5,4	2,1	57,6	4,1	20,1

VITAMINE (Milligramm pro 100 g getrocknete Algen)

Provit. A	C	B1	B2	B3	B9	B12	E
3,5–8	55–165	0,1–0,5	0,5–1	1–3	0,01–0,05	0,00008–0,0003	26–45

MINERALIEN (Milligramm pro 100 g getrocknete Algen)

Kalium	Phosphor	Magnesium	Kalzium	Natrium	Chlor	Schwefel
2000–3000	100–150	500–900	1000–3000	3000–4000	3100–4400	2500–3500

Jod	Eisen	Kobalt	Selen	Molybdän	Mangan	Zink	Bor	Kupfer
70	10–17	0,04–0,07	0,006	0,1–0,2	1–1,5	7–24	5	0,5

ANDERE SUBSTANZEN (Milligramm pro 100 g getrocknete Algen)

Gerbsäuren	Algínsäure	Laminarano	Manitol	Fucoidano
2–10	15–30	0–10	5–10	4–10

(Seaweed Resources in Europe) (13)

(Seaweeds and their Uses) (12)

6. KAPITEL:

Häufig gestellte Fragen

Hier gehen wir auf einige der häufig gestellten Fragen ein.

KÖNNEN DIE ALGEN GIFTIG SEIN WIE PILZE?

Laut allen uns zur Verfügung stehenden Studien gibt es unter den galicischen Algen, die für das menschliche Auge sichtbar sind (Makroalgen), keine giftige Sorte.

WIE SCHMECKEN SIE?

Man kann ihren Geschmack mit dem von Fisch oder Meeresfrüchten vergleichen. Jede der Sorten entfaltet beim Kochen das typische Aroma von Meeresprodukten. Es sind flüchtige Substanzen, die wir vor allem während des Kochens wahrnehmen.

Einige, wie die Nori Alge, sind besonders schmackhaft und erinnern an ölhaltigen Fisch, an Sardinen. Die Wakame, deren Geschmack feiner ist, erinnert an Teppichmuscheln und Meeresspaghetti. Sowohl wegen ihrer Konsistenz als auch wegen ihres Geschmacks kann sie mit Tintenfischstreifen verwechselt werden, besonders wenn sie paniert gebraten wird.

Erinnern wir uns einmal mehr daran, dass die Algen als Nahrungsergänzung eine größere Rolle spielen denn als Grundzutat eines Gerichts und insofern als Begleiter benutzt werden sollten, der dem Geschmack, dem Aroma und der Farbe des Gerichts eine besondere Note verleiht.

Wie immer ist es am besten, dem eigenen Gaumen zu folgen und die Algen in der Intensität zu kochen und beizumengen, wie es uns schmeckt. Denn die Verschiedenheit der Algen stellt jeden Gaumen zufrieden, von den sehr besonnenen bis hin zu den sehr wagemutigen.

ICH WEISS, DASS DIE ALGEN SEHR GUT FÜR DIE GESUNDHEIT SIND, ABER ICH KANN MICH NICHT AN SIE GEWÖHNEN.

In der Ernährung folgen wir Gewohnheiten, die Generationen überdauert haben. Es ist eine Frage der Umstellung. Wenn wir eine klare Vorstellung davon haben, dass die Algen ein Gemüse sind, das sich wunderbar mit allen unseren Gerichten kombinieren lässt, sind wir offen dafür, ihnen in unserer Küche und unserer Gesundheit den Platz einzuräumen, der ihnen gebührt. Bewahren wir sie in Sichtweite auf, z. B. in einem Glasgefäß, und gewöhnen und so daran, sie beim Kochen dazuzugeben: einige geschnittene Blätter, ein bisschen jeden Tag.

UND WENN SIE JEMANDEM IN MEINEM HAUSHALT NICHT SCHMECKEN?

Es gibt viele Wege, die Algen zu verzehren, „ohne es zu bemerken".
Zum Beispiel, indem man eine kleine Menge in Eintöpfe, Suppen, Pürees und Füllungen gibt. In der Regel ist die Abneigung psychologischer Art (Vorurteil). In diesem Fall wird man die Algen anfänglich tarnen, bis es nicht mehr notwendig ist und man sie wie eine normale Zutat auf dem Teller betrachten kann. Wir sollten die neutralsten Algen wählen: Wakame, Meeresspaghetti, Agar-Agar ... und in kleinen Mengen.

WIE KÖNNEN SIE SO TEUER SEIN, WO WIR SIE DOCH IN MASSEN AM STRAND SEHEN?

Wie wir bereits in einem anderen Teil erklärt haben, ist es sehr wahrscheinlich, dass die Algen am Strand nicht einmal essbare Sorten sind. Und selbst wenn sie es sind, wurden sie durch die Strömung und die Gezeiten dort weggerissen, wo sie angewachsen waren, an den Unterwasserfelsen. Diese Algen sind in der Regel welk, verdorben und häufig verwest. Auf keinen Fall dürfen sie für den Verzehr verwendet werden.
Die essbaren Algen werden in Galicien mit der Hand geerntet, indem sie direkt vom Fels geschnitten werden an Orten, wo die Arbeit schwierig ist, der Brandung ausgesetzt, an zerklüfteten Felsen und oft unter Wasser, da die besten und größten Algen im tiefen Wasser wachsen.
Es ist eine wirklich harte Arbeit, die von den Menschen des Landes ausgeführt wird, die sich gut auskennen und die wechselnden Bedingungen des Geländes, des Meeres und des Wetters gewohnt sind.
Wenn wir außerdem in Betracht ziehen, dass sich die frische Ernte wegen der Dehydration bei der Trocknung **auf ein Zehntel reduziert**, und wenn wir die normalen Kosten für Verpackung und Transport miteinbeziehen, die entstehen, bis wir das Produkt in unserem nächstgelegenen Laden

finden, dann haben wir eine Vorstellung davon, **wie teuer** diese getrockneten Blätter sind, die, wenn wir sie einweichen, so sehr anschwellen, dass sie in unserem Haus ihre Frische, ihren Glanz und ihr Volumen wieder erreichen, das sie im Meer hatten.

INWIEFERN UNTERSCHEIDEN SICH DIE GALICISCHEN ALGEN VON DEN JAPANISCHEN?

Diese Frage wurde uns häufig gestellt und sie verlangt natürlich nach einer Antwort, insbesondere da es nicht unsere Absicht ist, die japanischen Algen, die eine jahrhundertealte Tradition als gesundheitsförderndes Nahrungsmittel haben, in Abrede zu stellen oder gar abzuwerten.

In Galicien und im Atlantik gedeihen eigene Algensorten, wie die Meeresspaghetti, Dulse, Irisches Moos, Fucus ... und analog dazu reifen eigene Algen im Pazifik, die nicht im Atlantik wachsen, wie Arame und Iziki. Und es gibt gemeinsame Sorten: Wakame, Nori, Kombu.

Der grundlegende Unterschied ist, dass die galicischen Algen die unseres Landes sind, mit allem, was ein **autochthones Produkt** ausmacht:

- **Nähe**, die Möglichkeit, die Qualität der Algen und die Ernteplätze zu kontrollieren und zurückzuverfolgen,
- **direkte Kenntnis** der beteiligten Firmen und Personen,
- **Daten spezieller Studien** unserer Universitäten und offiziellen Forschungszentren.

Bezüglich der **Zusammensetzung der Nährwerte** der gemeinsamen Algen aus beiden Ozeanen sind die Unterschiede minimal. Was den **Nährwert** und die **Eigenschaften** der typischen Atlantikalgen betrifft (Meeresspaghetti, Dulse, Irisches Moos, Fucus) wurden sie in den entsprechenden Abschnitten erklärt und stehen ihren pazifischen Artgenossen Arame und Iziki, die in Europa importiert und verzehrt werden, in nichts nach. Wie wir bereits im 2. Kapitel feststellen konnten, finden wir bei den galicischen Algen neben einer großen Fülle an Mineralien das rechte Maß an Jod, eine Fülle an Proteinen, löslichen Fasern, Vitaminen, Antioxidantien und eine spezielle Ausgewogenheit von Natrium und Kalium, Kalzium und Phosphor und Kalzium und Magnesium.

Was die Schwermetalle betrifft, kam eine vergleichende Studie der Universität Complutense, die sich dem Thema widmete (22), zu dem Schluss, dass **alle** untersuchten **galicischen Algen** eindeutig reiner sind als die japanischen (Analíticas de Algas de Algamar, 1998). Wir müssen etwas erwähnen, das nur wenige Menschen in Spanien wissen: Der Verzehr einer so klassischen japanischen Alge wie der Hijiki ist in Frankreich verboten. Abschließend kann man aufgrund der uns derzeit zur Verfügung stehenden wissenschaftlichen, ernährungstechnischen und gastronomischen Daten mit berechtigtem Stolz versichern, dass die galicischen Algen von höchster Qualität sind und ein Nahrungsmittel, das genauso gesund oder gesünder ist als die japanischen Algen.

SIND DIE GALICISCHEN ALGEN ZÄHER ALS DIE JAPANISCHEN?

Generell nein, mit Ausnahme der Kombu.

Wir müssen in Betracht ziehen, dass alle galicischen Algen bisher **wild gewachsen** sind, wohingegen die Mehrheit der Algen in Japan **gezüchtet** werden und mindestens drei der Sorten (Nori, Arame, Iziki) bearbeitet und zu dem Zweck verändert sind, dass ihre zähe Konsistenz nachlässt, der Geschmack feiner wird oder das Aussehen verbessert wird. So sind z. B. die Noriblätter eine Spezialität, die aus einer Paste der Porphyra-Alge gewonnen wird, indem diese zerkleinert und in dünnen Schichten getrocknet wird. Die Arame und die Iziki werden zunächst stundenlang gekocht, bevor sie getrocknet und in die Streifen geschnitten werden, die wir in der Verpackung finden (23). Genau diesen beiden fehlt Vitamin C. So ist es nicht verwunderlich, dass einige galicische Algen durch ihren wildwüchsigen Charakter und ihre Naturbelassenheit fester sind. Bei all dem müssen wir in Bezug auf die Konsistenz daran denken, dass wir im Atlantik essbare Algen haben, die man roh essen kann, wie z. B. die Dulse, die bereits für die Kelten ein Lebensmittel war, das nicht zuvor eingeweicht wurde, die Wakame, die Meeresspaghetti und die natürliche Nori. Einen Ausnahmefall bildet eine Form der galicischen Kombu (genauer

290

gesagt die *Laminaria ochroleuca*), die fester ist als die japanische (*Laminaria japonica*), und obwohl sie eine sehr ähnliche Zusammensetzung der Nährstoffe aufweist, sind ihre Konsistenz und ihr Geschmack viel stärker, was eine andere Art der Zubereitung nötig macht. Am meisten zu empfehlen ist das Rösten vor dem Einweichen und das Kochen im Schnellkochtopf oder in sprudelndem Wasser.

Eine seltenere Art der galicischen Kombu, die *Laminaria saccharina*, auch Kombu Rápida, Kombu Real oder Kombu Dulce genannt, weist eine weichere Konsistenz auf, einen feineren Geschmack und eine Zusammensetzung, die den beiden zuvor genannten Algen ähnlich ist.

WARUM HABEN DIE ALGEN KEIN ÖKOSIEGEL WIE DIE ANDEREN LEBENSMITTEL?

Die Behörden, die das Siegel für ökologische Lebensmittel in Spanien und Europa verleihen, beziehen sich immer auf die Landwirtschaft und die Viehzucht. Das Siegel, das zum Beispiel die Kontrollbehörde in Spanien verwendet, zeigt das bereits in seinem Namen an: CRAE (Consejo Regulador de Agricultura Ecológica; Kontrollrat der ökologischen Landwirtschaft). Die Meeresprodukte unterliegen nicht deren Verantwortungsbereich.

Trotzdem wachsen die Algen wie wildwüchsige Pflanzen auf ihre eigene Art und Weise und ohne jegliche Behandlung oder Düngung. Was könnte ökologischer sein?

WO KANN MAN SIE KAUFEN?

In Naturkostläden, Kräuterläden und Reformhäusern.

WIE BEWAHRT MAN SIE AUF?

Vor Feuchtigkeit, Sonne und Hitze geschützt. Sie müssen nicht in den Kühlschrank. Man kann sie einfach in einem gut verschlossenen Plastikgefäß aufbewahren, so dass die Luftfeuchtigkeit nicht eindringt. Oder auch in großen Glasbehältern mit Deckel.

WIE LANGE SIND SIE HALTBAR?

Die getrockneten Algen sind jahrelang haltbar, sofern sie vor Feuchtigkeit und Hitze geschützt sind. Auf den Beuteln ist in der Regel ein Mindesthaltbarkeitsdatum angegeben.

WIE OFT KANN ICH SIE PRO WOCHE VERZEHREN?

Täglich. Sie sind ein zusätzliches Gemüse innerhalb unseres wöchentlichen Speiseplans. Denken Sie daran, dass es konzentrierte Nahrungsergänzungsmittel sind, die in moderaten, aber regelmäßigen Mengen benutzt werden sollten. Um uns daran zu erinnern, können wir uns mit einer kleinen Zusammenstellung von Gerichten auf einem Block oder einer Tafel behelfen, so dass wir an jedem Tag der Woche ein paar Algen auf unserem Teller haben. Auf diese Weise werden wir sie zumindest am Anfang nicht vergessen, bis wir sie automatisch in unseren Speiseplan integriert haben.

KÖNNEN AUCH KLEINE KINDER DIE ALGEN ESSEN?

Ja, natürlich. Nach der Stillzeit und wenn wir beginnen, sie mit Gemüsebrei zu füttern, können wir schon kleine Mengen an Algen auf die gleiche Art und Weise in die Mahlzeit integrieren, wie wir es für Erwachsene tun. Es wird ihnen eine große Hilfe bei der Entwicklung sein.

MAN SAGT, DASS DIE ALGEN SCHLANK MACHEN. WERDEN DIEJENIGEN, DIE SCHON SCHLANK SIND UND ALGEN ESSEN, NOCH MEHR ABNEHMEN?

Tatsächlich ist das eine Art der Anwendung, die im Abendland verwendet wurde: den Fettüberschuss zu reduzieren und zu verbrennen. Dies wurde in vielen Schlankheitskuren bestätigt. Aber kein asiatisches Volk, das regelmäßig Algen verzehrt, ist aus diesem Grund „spindeldürr". Das würde passieren, wenn wir uns **ausschließlich** von Algen ernähren, was ich keinem empfehle. Es ist sicher, dass ihr Fett- und Kaloriengehalt gering sind. Trotzdem – und das ist sehr wichtig – helfen die Algen uns, den größten Teil dessen, was wir essen, zu verwerten. Erinnern wir uns zum Beispiel an den hohen Proteingehalt der Nori, Wakame und Dulse; Proteine von exzellenter Qualität, die mit ihrer Fülle an Aminosäuren anderen ärmeren Proteinen helfen, sich in für unseren Körper brauchbarere Nährstoffe zu verwandeln. Das Gleiche passiert mit den Mineralien und Vitaminen, die viele Mängel anderer Lebensmittel ausgleichen und ihren Nährwertgehalt steigern, wie wir es bereits ausführlich auf diesen Seiten erklärt haben. Auf diese Weise helfen die Algen sowohl den korpulenten als auch den schlanken Personen, sich gut zu ernähren, stark, agil und leicht zu sein. Ein altes galicisches Sprichwort sagt: *„Home flaco e non de fame, líbrate de que te agarre."* Hüte dich vor dem, der schlank ist, ohne zu hungern, denn er könnte dich erwischen."

UND FALLS WIR UNS ALLE FÜR DIE ALGEN BEGEISTERN, GIBT ES IN GALICIEN AUSREICHEND, ODER WERDEN WIR DIE NATÜRLICHEN RESERVEN AUSBEUTEN?

Hoffentlich haben bald alle einen so gesunden Geschmack. Wir verbessern unseren Körper, stärken unseren Verstand und erhöhen unsere ökologische Sensibilität. Wir haben dieses Thema bereits im ersten Kapitel behandelt, aber es verdient es, näher betrachtet zu werden. Das Problem der wildwachsenden Reserven wurde in Japan bereits vor vielen Jahren gelöst, als die Nachfrage stieg und vor allem als man begann, die Algen in andere Länder zu liefern. Man begann mit dem „Anbau" im Meer. Heute werden 90 % der japanischen Nori und Wakame gezüchtet. Diese Züchtungen im Meer haben wenig oder nichts zu tun mit dem Anbau auf der Erde. Es ist eine Überwachung der Entwicklungsphasen der Algen, bei der vor allem das Wachstum der Setzlinge im Labor kontrolliert wird, um sie dann an Halterungen anzubringen, an denen sie anwachsen und wo sie ihre Entwicklung genauso wie im Meer fortsetzen. Dies ähnelt der Zucht von Miesmuscheln und Austern, die in Galicien weit verbreitet sind und Bateas genannt werden. In wissenschaftlichen Experimenten mit dieser Art der Zucht in Galicien hat man bereits in den Jahren 1993–1994 sehr gute Resultate erzielt und auch heute arbeitet man an der Perfektionierung, so dass uns die Lösung rechtzeitig zur Verfügung steht, ebenso wie alle technischen Mittel und Gewässer, die so außerordentlich reich sind, dass sie aus Galicien einen der bedeutendsten „Unterwassergärten" der Welt machen könnten.

Verwendete Quellen (Bibliografie)

1. LAS ALGAS EN GALICIA: ALIMENTACIÓN Y OTROS USOS. José Luis Catoira und Centro de Investigaciones Submarinas. Consellería de Pesca, Marisqueo e Acuicultura da Xunta de Galicia (1993).
2. MACROALGAS MARINAS Y SUS APLICACIONES. Javier Cremades, Alfredo Veiga (1999). Universität in La Coruña.
3. DROGAS DEL MAR: SUSTANCIAS BIOMÉDICAS DE ALGAS MARINAS. Angeles Muñoz Crego, Adolfo López Cruz und andere (1992). Universität in Santiago de Compostela.
4. LAS ALGAS: UNA ALTERNATIVA DE FUTURO, JORNADAS INTERNACIONALES GALICIA-BRETAÑA, ISLA DE AROSA. Brault, D.; Cremades, J.; Lognene, V.; Durand, P.; Marchal, P.; Bonaveze, E. (1997). Verlag Fondo Formación – Albatros -Xunta de Galicia.
5. ALGAS MARIÑAS DE GALICIA. Concepción González, Oscar García, Luis Míguez (1998). Xeráis Verlag. Vigo.
6. CULTIVO DE UNDARIA PINNATIFIDA EN GALICIA. Pérez-Cirera, J. L.; Salinas, J. M.; Cremades, J. et al. Nova Acta Científica Compostelana, (vol. 7, 1996). Universität in Santiago.
7. EVALUACION NUTRICIONAL Y EFECTOS FISIOLÓGICOS DE MACROALGAS MARINAS COMESTIBLES. Antonio Jiménez-Escrig, Isabel Goñi. Consejo Superior de Investigaciones Científicas – Universität Complutense. Arch. Latin. de Nutrición (vol 49, 1999).
8. GUÍA DE LAS ALGAS DEL LITORAL GALLEGO. Ignacio Bárbara, Javier Cremades (1987). Universität in La Coruña. Verlag Casa de las Ciencias. Concello de A Coruña.
9. GUIDE DE L'ALGUE ALIMENTAIRE. Centre d'Etudes et de Valorisation des Algues. (Edition 2000). Pleubian, Frankreich.

10. GUÍA DE LAS ALGAS DE LOS MARES DE EUROPA. Cabioc'h, J.; Floc'h, J-Y. et al. (1992). Omega Verlag – Barcelona.

11. LA GRAN GUÍA DE LA COMPOSICIÓN DE LOS ALIMENTOS. Elmadfa, I.; Aign, W. et al. (1978). RBA – Integral, Barcelona.

12. SEAWEEDS AND THEIR USES. Chapman, V. J. und Chapman, D. J. (1980). Ed. Chapman and Hall. New York.

13. SEAWEED RESOURCES IN EUROPE: USES AND POTENTIAL. Michael D. Guiry, Gerald Blunden (1991). Verlag John Wiley & Sons.

14. DIETARY FIBRE AND PHYSICOCHEMICAL PROPERTIES OF EDIBLE SPANISH SEAWEEDS. Pilar Rupérez, Fulgencio Saura-Calixto. Consejo Superior de Investigaciones Científicas. Eur Food Res Technol (2001).

15. ALGUES. Magariños, Hélène und Mateo (1989). Francia-Rivesaltes.

16. CUISINE-SANTÉ AUX ALGUES MARINES. Hélène Magariños-Rey (1997). Corlet Verlag. Frankreich

17. LES LEGUMES DE MER. Seibin und Teruko Arasaki (1985). Trédaniel Verlag. París.

18. LES JARDINS DE LA MER (DU BON USAGE DES ALGUES). Boisvert, Clotilde (1988). Verlag Terre Vivante. Paris.

19. AU NOM DE LA MER. Jouvance, Daniel. (1996). Verlag Robert Laffont. París.

20. LE ALGHE. Di Pietro, Paola et al. FCE Verlag (1996). Mailand.

21. VITAMIN B12 STATUS of long term adherents of a strict uncooked vegan diet is compromised. Rauma, Torroren (J. Nutr. 1995).

22. DETERMINATION OF METALS IN SEAWEEDS USED AS FOOD BY INDUCTVELY COUPLED PLASMA ATOMIC-EMISION SPECTROMETRY. Munilla, M. A.; Gómez-Pinilla, I.; Rodenas, S.; Larrea, M. T. Universität Complutense (1995). Analusis; Elsevier. Paris.

23. EL VALOR DE UNA VIDA MACROBIÓTICA. Francesc Gironella. Cuadernos de Mimasa. Barcelona.

24. LAS VERDURAS DEL MAR. Bradford, Peter y Montse (1988). Oasis Verlag – Los Cuadernos de Integral. Barcelona.

25. PONENCIA III JORNADAS ALGAMAR (2001) Silvia Calvo – Depto Biología. Universität in la Coruña.

26. EL EQUILIBRIO A TRAVÉS DE LA ALIMENTACIÓN. Olga Cuevas (2000). León.

27. DETERMINACIÓN DE ELEMENTOS MAYORITARIOS EN MACROALGAS PROCEDENTES DE LAS COSTAS DE GALICIA MEDIANTE ESPECTROMETRÍA DE EMISIÓN ATÓMICA EN PLASMA DE ACOPLAMIENTO INDUCTIVO (ICP – AES). Sofía Ródenas, A. Ergueta, F. J. Sánchez, Mª Teresa Larrea; Universität Complutense (2002) Schironia nº 1 – Nov. 2002.

28. DOSSIER CERNA – MAREA NEGRA DO PRESTIGE- IMPACTO SOBRE A VEXETACIÓN (2002). Javier Cremades – Universität in La Coruña; Santiago Ortiz – Universität in Santiago de Compostela.

29. MAREAS NEGRAS. Gonzalo Borrás. Centro Tecnológico del Mar (Dic. 2002) Vigo.

30. ESTUDIO DE ALGAS PARA CONSUMO HUMANO PRODUCIDAS Y MANUFACTURADAS EN GALICIA: Evaluación de su Seguridad Alimentaria. María Oliva Punín Crespo. (2005) Universität in Santiago de Compostela, Departamento de Química Analítica, Nutrición y Bromatología.

31. LA FUNCIÓN DESINTOXICANTE DEL ÁCIDO ALGÍNICO. Dr. Mateo Magariños Vidal (2003).

32. ANÁLISIS ELEMENTAL DE ALGAS EMPLEADAS EN ALIMENTACIÓN, MEDIANTE ESPECTROMETRÍAS ICP. Araceli Ergueta Martínez. (2001) Universidad Complutense de Madrid.

33. APLICACIÓN DE TÉCNICAS CROMATOGRÁFICAS (PLC Y CG) AL ESTUDIO DE NUTRIENTES EN ALGAS COMESTIBLES PROCESADAS. Dalia Isabel Sánchez Machado (2003). Universidad de Santiago de Compostela, Departamento de Química Analítica, Nutrición y Bromatología.

34. SPECIATION OF THE BIO-AVAILABLE IODINE AND BROMINE FORMS IN EDIBLE SEAWEED BY HIGH PERFORMANCE LIQUID CHROMATOGRAPHY HYPHENATED WITH INDUC-

TIVELY COUPLED PLASMA-MASS SPECTROMETRY. Vanessa Romarís Hortas (2012). Universidad de Santiago de Compostela, Departamento de Química Analítica, Nutrición y Bromatología.

35. CHARACTERISTICS AND NUTRITIONAL AND CARDIO-VASCULAR-HEALTH PROPERTIES OF SEAWEEDS. Aránzazu Bocanegra (2009). Consejo Superior de Investigaciones Científicas y Facultad de Farmacia de la Universidad Complutense de Madrid.

36. MINERAL CONTENT OF EDIBLE MARINE SEAWEEDS. Pilar Rupérez (2002). Consejo Superior de Investigaciones Científicas.

37. DIETARY FIBRE AND PHYSICOCHEMICAL PROPERTIES OF SEVERAL EDIBLE SEAWEEDS FROM THE NORDWESTERN SPANISH COAST.
Eva Gómez-Ordóñez; Antonio Jiménez-Escrig; Pilar Rupérez (2010). Consejo Superior de Investigaciones Científicas.

38. CHARACTERISTICS AND NUTRITIONAL AND CARDIOVASCULAR-HEALTH PROPERTIES OF SEAWEEDS. Aránzazu Bocanegra; Sara Bastida; Juana Benedí; Sofía Ródenas; Francisco J. Sánchez-Muniz (2009). Consejo Superior de Investigaciones Científicas y Facultad de Farmacia de la Universidad Complutense de Madrid.

39. NUTRITIONAL AND ANTIOXIDANT PROPERTIES OF DIFFERENT BROWN AND RED SPANISH EDIBLE SEAWEEDS. S. Cofrades, I. López-Lopez, L. Bravo, C. Ruiz-Capillas, S. Bastida, M.T. Larrea and F. Jiménez-Colmenero. (2010). Consejo Superior de Investigaciones Científicas y Universidad Complutense de Madrid.

40. DESIGN AND NUTRITIONAL PROPERTIES OF POTENTIAL FUNCTIONAL FRANKFURTERS BASED ON LIPID FORMULATION, ADDED SEAWEED AND LOW SALT CONTENT. I. López-López, S. Cofrades, C. Ruiz-Capillas, F. Jiménez-Colmenero (2009). Consejo Superior de Investigaciones Científicas.

41. COMPOSITION AND ANTIOXIDANT CAPACITY OF LOW-SALT MEAT EMULSION MODEL SYSTEMS CONTAINING EDIBLE SEAWEEDS. López-López, S. Bastida, C. Ruiz-Capillas, L. Bravo, M. T. Larrea, F. Sánchez-Muniz, S. Cofrades, F. Jiménez-Colmenero

(2009). Consejo Superior de Investigaciones Científicas y Universidad Complutense de Madrid.

42. DRIED GREEN AND PURPLE LAVERS (NORI) CONTAIN SUBSTANTIAL AMOUNTS OF BIOLOGICALLY ACTIVE VITAMIN B12 BUT LESS OF DIETARY IODINE RELATIVE TO OTHER EDIBLE SEAWEEDS. Furio Watanabe & alt. (1999). J. Agric. Food Chem.

43. IODINE DEFICIENCY. Michael B. Zimmermann (2009). Laboratory for Human Nutrition, Zurich. Endocrine Reviews 2009.

44. ASSESSMENT OF JAPANESE IODINE INTAKE BASED ON SEAWEED CONSUMPTION IN JAPAN: A LITERATURE-BASED ANALYSIS. Theodore Zava & David Zava (2011). US National Library of Medicine. National Institutes of Health.

45. ANÁLISIS BROMATOLÓGICOS ALGAS ALGAMAR. (2012) Laboratorio Anabiol. Barcelona.

46. EVALUATION OF AN IN VITRO METHOD TO ESTIMATE TRACE ELEMENTS BIOAVAILABILITY IN EDIBLE SEAWEEDS. Raquel Domínguez and alt. (2010). Universidad de Santiago de Compostela, Departamento de Química Analítica, Nutrición y Bromatología.

47. RESULTADOS ANALÍTICOS DE LA COMPOSICIÓN MINERAL DE ALGAS DE GALICIA – ALGAMAR. Universidad Complutense. Facultad de Farmacia (1998).